ビジネスパーソンのための

一目おかれる酒選び

江口まゆみ

平凡社

友人が、お土産として
フランス現地で買ってきてくれた
ワインは、酸化防止剤が入っていないので、
おいしかった！

これは思い込みです。
どうしてか？
その理由は、この本に書いてあります。

ビールは缶より瓶、
瓶より樽生が旨いよね。

これにも、かなりの思い込みが含まれています。
生ビールとは何かということも、この本で説明しています。

日本酒は、やっぱ辛口でしょう！

「辛口のお酒はどれですか？」

「ご参考に、日本酒度がメニューに書いてあります」

「じゃあ、このいちばん日本酒度の高いやつね」

という会話を、お店でした覚えがありませんか？

もしそうなら、
あなたにも、この本をぜひお読みいただきたい。

目からウロコが落ちること、請け合います。

本書は、あなたのお酒の世界を拡げるお手伝いをします。
たとえば、
以下のことを、ひとつでも
なんとなくそう思っていたというあなたは、
ぜひこの本を読んでみてください。

□アル添酒は質が悪い？
□缶ビールや瓶ビールより樽生の方がおいしい？
□スクリューキャップのワインは安物？
□ウイスキーはストレートで飲むべき？
□焼酎の甲類は質の悪い酒？
□精米歩合が低いほどよい酒？
□電子レンジでお燗をしてはいけない？

□発泡酒や新ジャンルのビールは偽物？
□日本酒は新酒が一番？
□日本のビールは冷やしすぎ？
□日本酒を水で割るのは邪道？

酒歴が長くなって、それなりに経験を積んでくると、
みんな、けっこう生半可な知識が溜まってしまうものです。
思い込みや勘違いで、
おいしいお酒との出会いが失われているとすると、
それは、もったいない。
ぜひ本書で、お酒の基礎知識を棚卸ししてください。

はじめに

この本を手にとったあなたは、お酒について人より少しは知識があると思っているかもしれません。もしかしたら私よりずっと酒歴が長いかもしれませんね。どちらにしろ、私と同じ「酒飲み」だと思います。そして、日常的にもビジネスシーンでも、お酒を飲む機会は多いでしょう。

そんなあなたは、人にお酒を選んであげる立場になることも、少なくないのではないでしょうか。

たとえば上司や取引先を交えた飲み会で、飲み物メニューを渡され、「日本酒を適当にたのんで」と言われたけれど、種類が多すぎて何をたのんでよいかわからない。

そんな時、相手の好みや出身地などを聞いて、ピッタリのお酒をたのめれば気分がいいですね。さらに、そこで軽く「なぜこの酒を選んだか」とか「日本酒の楽しみ方」などをサラリと付け加えられたら満点です。相手の方がお酒好きなら、その後の酒談義が弾むかもしれません。

また、いつも角ハイばかり飲んでいる人とバーに行って、何か違うウイスキーを飲んでみたいと言われた場合。自分がいつも飲んでいるアイラモルトは個性が強すぎて初心者にすすめるわけにもいかず、かといってそれ以外のウイスキーはよく知らないのでお手上げ状態になる、ということがあるかもしれません。

そんな時、おいしくて飲みやすいウイスキーを選んであげられたら、ぐっと株が上がりますね。さらにそのウイスキーの話をしてもよいし、いつも飲んでいる角ハイから話を広げて、ハイボールやジャパニーズウイスキーの成り立ちなどを肴に飲めたら、最高です。

この本を読めば、こうした「お酒の世渡り」が上手にできるようになります。しかも膨大な銘柄を記憶する必要も、難しいラベルの読み方を勉強する必要もありませんから、安心してください。

内容は二部構成になっています。

第一部では、いろいろなお酒についての思い込みや固定観念から、あなたを解き放ちたいと思います。酒歴が長くなってくると、どうしても頭が固くなって、お酒について決めつけが多くなるような気がします。それではお酒を一〇〇%楽しんでいるといえないのではないでしょうか。

どのトピックから読んでいただいても自由ですので、とりあえず興味のあるものから読んでみてください。お酒について「なんとなく知っていたけど、モヤモヤしていたこと」がスパッと解決すること請け合います。今までの思い込みを取りさることで、きっとお酒の新たな魅力を発見できることでしょう。

第二部では、お酒の種類別に基本的な知識を再確認していただきます。「自分はワイン・エキスパートの資格を持っている」というような方は、ワインの章は飛ばして読んでいただいてかまいません。

ここでは、酒飲みなら最低限知っておいてほしいお酒の基本が書いてあります。無駄な贅肉はそぎ落とし、過不足のない内容になっていますので、頭がスッキリと整理されると思います。ここを読んでその先が知りたくなったら、どうぞ、そのお酒の専門書を読んでください。

本書は、基本的に「お酒は楽しむものである」というスタンスで書かれています。眉間にしわを寄せて勉強するものでもなければ、ただ酔えればいいというようなものでもありません。

さあ、私と一緒に楽しくお酒を学びましょう。あなたのお酒ライフがもっと楽しく、もっと豊かになりますように。

目次

第一部

お酒についての勘違い

アル添酒は質が悪い？ 勘違い！

日本酒には、米だけでつくった「純米酒」というお酒と、そこにアルコールを添加してつくった、いわゆる「アル添酒」があるのはご存じの通りです。

自称日本酒通という人に、このアル添酒を忌み嫌う風潮があるのはなぜなのでしょうか？　それは昔の日本酒が、酒を増量するためにアルコールを使っていたことに原因があるかもしれません。

アル添酒といって、すぐに思い浮かぶのは、三増酒（さんぞうしゅ）です。戦後の米不足の中、それでも日本酒の需要を満たすため、苦肉の策で考え出された方法です。酸味料や糖類やアミノ酸などの調味液とアルコールで、酒を三倍に増量したのが三増酒です。

私は実際に三増酒をつくっているところを見たことがあります。現場に行くと、タンクの中にある大量の調味液の中に、少量の醪（もろみ）を入れているではないですか。「へえ、三増酒って、醪より調味液の方が多いんだ」と軽くショックを受けました。まあ、酒を三倍に薄めるわけですから、当たり前なんですけどね。

今はもう三増酒(さんぞうしゅ)はなくなりましたが、昔の二級酒の名残(なごり)で、糖類や酸味料、そしてアルコールが入っている酒はけっこうあります。これを現在では二増酒などと呼んでいます。大手酒造メーカーが出している格安のパック酒もそうですし、昔から地元だけで飲まれている地酒にも多いです。大手のパック酒はコスト削減のためであり、地酒は昔から飲んでくれている地元ユーザーのために、今さら味を変えられないので、脈々とつくられているわけです。

私は諸手を挙げての三増酒賛成派ではありません。それでも場末の居酒屋で、肉体労働者ががっつきそうな、なんともいえず下品だけれど激ウマな煮込みを食べながら飲んだ二増酒を、しみじみ「旨い！」と思ったことがあります。**要するに、酒は嗜好品なのだから、合わせるつまみやシチュエーションによって選べばいいのです。**

ちなみに、糖類や酸味料などの添加物が体に悪いという主張は正しいと思います。ただそういう人は、缶チューハイなど絶対に飲まないのでしょうか。コーラや無果汁のジュースは？　あ、飲まない？　では外食はしないのですか？　毎回高級レストランかオーガニック専門店でお食事ですか？　きっとチェーン店のハンバーガーやコンビニのお弁当だって、一度も食べたことがないのでしょうね。

そう、私たちの食生活はすでに添加物だらけです。だったらなぜ、日本酒の添加物だけ目の敵にするのでしょうか。

糖類や酸味料は論外で、そもそも日本酒にアルコールを添加するのがケシカランという意見もあります。純米酒こそ本当の日本酒だというのです。

たしかに酒税法改正前は、醸造アルコールを極限まで加えたり特殊な製法を駆使したりして、極端にアルコール度数の高い、まるで焼酎のような日本酒もありました。しかし、今は日本酒のアルコール度数は二二％未満と定められています。これは純米酒が出せるギリギリのアルコール度数なのです。

つまり、度数を上げるためにやたらとアルコールを添加することはできなくなったわけです。では大量に入れて薄めているのかというと、それも違います。アルコール度一六％の本醸造酒に入っている醸造アルコールは、全体の〇・五％程度だそうです。大吟醸酒などは、四合瓶にお酒のキャップ一杯分も入っていません。

なぜアル添をするかというと、お酒の香りを引き立たせ、キレをよくするためです。もちろん香りが立ってキレのよい純米酒も存在します。しかしアル添酒のほうが、純米酒の味わいを明らかに凌駕（りょうが）している銘柄もあるのです。アル添には高度な技術があり、アル添が上手な蔵は、本当に素晴らしい酒を世に出しています。たまにアルコールの味が浮いたようなアル添酒がありますが、それはアル添が下手なだけです。

醸造アルコールを毒か何かのように思っている人もいるので一応言っておきますが、醸造アルコールはサトウキビを原料としたエチルアルコールで、飲むと目がつぶれたりするメチルアルコールとは違います。戦後の闇市ではないのですから、そんな危ない原料が使われるはずはありません。

サトウキビは、黒糖焼酎の原料である黒糖やラムをつくるものですから、けっして怪しい原料ではないはずです。それでも醸造アルコールに疑惑の目が向けられているからと、わざわざ自ら米焼酎をつくり、それを添加している蔵もあります。蔵元は得意そうに「ウチの酒はアル添でも米一〇〇％ですよ！」とアピールしていましたが、世間の目を気にしてそこまでしているとは、本当にお気の毒としか言いようがありません。

世の中の日本酒が、すべて純米酒になったらつまらないと思いませんか？　純米酒のほかにアル添酒があり、大吟醸から普通酒、そしてたまに二増酒があり、とバラエティに富んでいた方が、選ぶ方としては楽しいと思います。だって、お酒は楽しむためにあるのですから。

ただ、「純米酒しか日本酒と認めない」といういわゆる純米酒教（狂？）の人は意外と多いので、気をつけなければいけません。そういう人に反論しても、宗教原理主義者を改宗させるがごとく無謀です。酒の席ではおとなしく彼らの主義主張を拝聴し、やり過ごすのが大人のたしなみでしょう。

缶ビールや瓶ビールより樽生の方がおいしい？

勘違い！

私はお酒を覚えたての頃、缶ビールより瓶ビールの方がおいしいと信じており、缶ビールを買わずに、近所の酒屋さんから瓶ビールをケースで配達してもらっていました。だから女子大生の一人暮らしなのに、玄関を開けると常にビールケースが置いてあるという、まるでオッサンのような部屋でした。

あなたも「缶より瓶の方がおいしい」とか「いやいや樽生が一番うまい」などと思っていませんか？

だいたい居酒屋などで、サーバーで注ぐビールを「生一丁！」などと言うから混乱するのです。じつは瓶ビールも缶ビールも、大手メーカーがつくっている一般的なビールはほとんどが生ビールです。

ビールはつくったままでは、酵母（こうぼ）やその他の微生物が残っているので、発酵が進んだり意図しない劣化が起こったりして、変質してしまいます。そのため、以前は熱処理して発酵を止め、殺菌していました。しかし現在では濾過（ろか）技術が進歩したため、フィルターで濾過して酵母や微生物を取り除いています。

世界的には濾過も熱処理もしていないビールを「生（ドラフト）」といいますが、**日本では熱処理していないビールはすべて生ビールということになっています。大手メーカーのビールは、熱処理せずフィルター処理しているので、缶も瓶も樽詰めも生ビールなのです。**

ちなみに大手メーカーのビールの中にも、熱処理しているビールが二つだけあります。「赤星」と呼ばれるサッポロラガーと、キリンのクラシックラガーです。フィルター処理の生ビールはクリアで飲みやすいけれど、濾過の時に旨味まで取れてしまいそうです。一方、熱処理の場合はビール本来の味が残っているとされているので、この二つのビールには熱烈なファンが多いのです。

では、缶ビールと瓶ビールと樽詰ビールの違いはなんでしょうか。じつは中身はまったく同じです。だいたいコスト管理に厳しいビールメーカーが、容器の種類によってつくり分けることなどあり得ません。

でもやはり缶ビールより瓶ビールの方がおいしそうな気がしますか？　しかしビールは日光に弱く、日光に当てると日光臭というオフフレーバーが発生します。だから瓶ビールはなるべく日光を通さないよう、瓶が濃い茶色なのです。ただ、ご存じのようにグリーンのボトルもありますよね。代表的なのはハイネケンですが、グリーンは茶色より日光を透過しやすいので、昔からハイネケンには軽く日光臭がついているというのが、専門家の間の常識です。

たとえ濃い茶色であっても瓶は日光を透過するので、完全に日光を遮断できる缶の方が、瓶よりもビールに適した容器なのです。

たまに「缶ビールは金属臭い」と言う人がいますが、缶の中は金属と直接触れないようコーティングされているので、そんなはずはありません。もしかしたら、瓶の場合はグラスに注いで飲み、缶は口をつけてそのまま飲むという、飲み方に問題があるのかもしれません。

缶からビールを直接飲むのは、かなり残念な飲み方です。家庭でもグラスを用意し、注いで泡を立てて飲んだ方がずっとおいしいからです。泡にはビールの酸化を防ぎ、炭酸ガスを逃がさない蓋の役目があります。また、苦み成分を吸着して味をまろやかにする働きもあります。

まず適度に炭酸ガスを放出させる感じで、グラスの半分ぐらいまで注いで泡を立てます。そして泡がおさまるまで少し待ち、今度は泡立てないようにゆっくり注ぎます。そうすると泡が持ち上がってグラスの縁より上にこんもり盛り上がります。ビールと泡の比率は、七対三くらいが適当です。どうですか？　缶ビールでもこうすればおいしそうですよね。

泡が重要なら、サーバーで泡をつけることができる樽生こそ、最高のビールだと思うかもしれません。しかし、サーバーの扱いや樽の管理は店によってまちまちで、きちんとしているところならもちろんおいしいのですが、サーバーのビールの方が缶や瓶より劣るという場合も少なからずあるので要注意です。

まず、サーバーには大きく分けて二種類あります。樽が冷蔵庫の中に入った状態で、冷えたビールをサーバーにつないであるもの。これを樽冷式ビールサーバーといいます。

熱に弱いビールの変質を防ぐ理想的なサーバーなのですが、広いスペースが必要なので、地価の高い都市部の飲食店では導入が難しいのが現実です。

一方、多くの店で使われているのが、瞬冷式と呼ばれるサーバーです。これは、氷水が入ったサーバーの中のコイルにビールを通すことによって、瞬間的に冷やす方法です。コンパクトなので狭い店にも置きやすいのですが、問題は樽が冷えていないことです。そのため樽の管理が悪いとビールが変質することもあり得ます。

また、サーバーのメンテナンスも大事です。毎日水洗浄やスポンジ洗浄をしていないと、バイオフィルムと呼ばれるビールの「垢」がついてしまいます。そうなったら最悪で、サーバーを通すと味も匂いもひどいビールになって出てきます。

海外で普及しているＢＬＭ‐Ｑという機械をサーバーに取り付けると、特殊な音声信号によってバイオフィルムがつかなくなるそうです。この機械は最近日本にも上陸したので、私も飲み比べてみましたが、同じビールでもすごくクリアでスムーズな味わいになり、驚きました。早く日本でも普及するといいのですが。

そういうわけで、**ビールの味が変わるのは容器の材質ではなく、ビールのコンディションや飲み方によるのです。**私は初めて入る店が、汚く掃除が行き届いていないように見えたら、メニューに「生ビール」と書いてある樽詰めビールではなく、瓶ビールをたのみます。サーバーや樽のコンディションが悪いビールを飲まされるより、その方が安全だからです。

スクリューキャップのワインは安物？

勘違い！

最近、ワインの栓として、コルクに混じって、スクリューキャップをよく見かけるようになりました。あなたはスクリューキャップについて、「安っぽい」「美味しいワインはコルク栓に限る」と思っていませんか？

たしかにロマネ・コンティがスクリューキャップを採用したとは、ついぞ聞いたことがありません。しかし本当にスクリューキャップのワインは品質が劣るのでしょうか。

コルク栓が最初に否定され始めたのは、一九九〇年代後半の環境問題がきっかけです。コルクはコルクオークの木の皮からつくられるので、ワインのコルクのために森林が伐採され、環境破壊を招いているというのです。こうしてまず、プラスチックの合成コルクが普及していきました。

コルクの最大の産出国はポルトガルです。コルクオークの森林面積はポルトガルの全森林面積の二〇%にもおよび、コルクは大事な基幹産業。ポルトガルは当然、反論しました。

コルクオークの寿命は二〇〇年と長く、樹齢二五年以上たってから最初のコルク収穫を迎えます。それも木を傷めないように皮を剝がし、再生した樹皮を九年ごとに収穫していきます。

このようにしてコルクオークの森を大切に守ってきたのに、コルクの需要が減ったためにかえって森林が荒廃したと、ポルトガルは訴えました。日本でも人の手が入らない里山や森林は荒れてしまいますよね。こうしてコルクの環境論争には、一応決着がつきました。

では、なぜそれ以降も、コルク以外の栓が増え続けているのでしょうか。

それは、コルクが原因でワインに独特のカビ臭がつくことがあるからです。これを「ブショネ」といって、レストランでは新しいワインと交換してもらえます。レストランでのホストテイスティングは、このためでもあるのです。

ブショネのワインにあたる確率は二〜五%といわれていますが、自分で購入した高級ワインがブショネだった場合、そのショックははかりしれません。ワインメーカーにとっても、ブドウ栽培から手塩にかけてつくったワインが、最後に栓をしたコルクのせいで汚染されたと知ったときの落胆は大きいでしょう。

昔はブショネの原因がはっきりとわからなかったのですが、近年、これはＴＣＡという化学物質に汚染されたからだということがわかりました。ＴＣＡは、ブドウやコルクオークなどに含まれるフェノール類とカビと塩素類が反応してつくられます。ワインコルクは打栓（だせん）前に塩素で洗浄されるので、その残存塩素が犯人だと目されました。そこで洗浄液を塩素から過酸化水素に変えたところ、ＴＣＡは激減したのです。

それでもまだ完全にＴＣＡがなくなったわけではありません。塩素以外にもさまざまな原因が指摘され、現在も検証が続けられています。

一方、**合成コルクやスクリューキャップには、コルクよりTCAの問題は少ないとされています**。ただ、合成コルクは硬くて抜栓（ばっせん）しにくく、再び栓をしようとしても入りにくいという欠点があります。そこで、簡単に開けられ、ワインが残っても再び栓ができるスクリューキャップが台頭してきたのです。

では、コルクよりスクリューキャップの方が、ワインの栓として優秀なのでしょうか。

これには様々な議論があって、決着がついていません。

コルクの特徴は、適度に酸素を通すことです。ウイスキーが樽で熟成されるように、ワインも「息をする」、すなわち酸素を取り込むことで熟成が進むと考えられています。そこで、長く寝かせることを前提としたワインには、コルクの方が適しているという見方があります。

しかし、天然素材であるコルクはバラツキが大きいので、かえって意図しない酸化を起こすとか、ずっとボトルを寝かせておけばいいかもしれないけれど、流通や保管の段階で立てて置かれれば意味がない、という指摘もあります。

スクリューキャップは密閉性が高いので、酸化は起こりません。また、白ワインの柑橘系の香りの中には酸素を嫌うものがあるので、香りを閉じ込めるためにはスクリューキャップの方が適しているといわれています。反面、密閉されているがために、酸化の反対の還元臭が出るという報告もあります。

まあ、機能的には一長一短というところでしょうか。それでも今では**多くの生産者が、万が一のブショネを回避するために、スクリューキャップを採用しています。とくに多**

いのがオーストラリアとニュージーランドで、これらの国では高級ワインでも、スクリューキャップを使用しているのです。

これにはお国柄が色濃く表れていて、フランスなどのワイン伝統国ではまだコルク栓が主流ですが、日本ではスクリューキャップがじわじわ浸透中です。輸出用ワインでも、アメリカ向けはコルクですが、日本向けはスクリューキャップというワインが実際あるそうです。

そのうち高級レストランで、ソムリエがソムリエナイフを使わず、キュキュッとスクリューキャップを開ける日が来るかもしれませんね。え？　そんなの風情がない？　たしかにそうです。

ワインのコルク栓を抜くのも、「さあこれからおいしいワインを飲むぞ」という大切な儀式のひとつですよね。あのワクワク感は、スクリューキャップでは得られません。コルク派の人は、どうぞコルク栓のワインを選んでください。でも、スクリューキャップだからといって、十把一絡げ（じっぱひとからげ）に馬鹿にする必要もないということです。

ウイスキーはストレートで飲むべき？

勘違い！


札幌の薄野、通称ススキノにこんなバーがあると聞きました。

そこには店主が世界中から集めてきた、珍しいヴィンテージものやボトラーズもののウイスキーがコレクションしてあり、チューリップ型のテイスティンググラスにうっすらと注がれたストレートのウイスキーを、舐めるようにして味わうのだそうです。舐めるくらいの量でも一杯平均五〇〇〇円くらいしますが、ここがぼったくりバーでない証拠に、医師や弁護士や社長といったセレブな紳士で、いつも満員状態だそうです。

そして「やはりラフロイグの赤ラベルはいいね」などという会話があちこちで交わされているというのです。赤ラベルとは、一九七〇年代に製造され、ラベルに赤く「15」と書かれているボトルのことです。

私はスノッブな雰囲気が嫌いなので、このお店に足を踏み入れたことはありません。

しかし、あなたはどこかで「これぞウイスキー通の店」だと思いませんでしたか？

実際、スコットランドで何も言わずにウイスキーを注文すると、ストレートで出てくるそうです。そして水も出てくるのですが、それはウイスキーに加水するための水で、チェイサーではないそうです。イギリスには「チェイサー」という言葉はなく、これはアメリカから入ってきた言葉、用途ではないかといわれています。

つまみはハギスで、これは羊の内臓とタマネギのミンチ、オートミールと牛脂、そしてスパイスを羊の胃袋に詰めて茹(ゆ)であげたものです。かなりクセのある料理ですが、アイラ島のスモーキーなシングルモルトをちょっとかけて食べると激ウマ！ スコットランドへは行ったことがないのですが、神楽坂のバーで、スコットランド帰りの店主がつくってくれるハギスは大好物です。あまりにも旨いので、本場スコットランド人も通ってくるそうですよ。

ウイスキー通にはどうしてもコレクターになってしまう人が多く、プロ・アマ問わず日本中に存在します。私もそうした人に「どうしても」と誘われてテイスティング会に参加したことがあります。

飲み方はもちろんストレート。チェイサーの水はあるのですが、たくさんテイスティングすると四〇度以上のアルコールに喉が焼けてきて、だんだん飲み疲れてきます。これはウイスキーの試飲会ではよくあることで、「なんでオンザロックか水割りで飲ませないんだ〜!」と発狂しそうになります。

こんなとき私がよくやるのは、チェイサーの水とウイスキーを一対一で割ること。これを「トワイスアップ」といい、由緒正しいウイスキーの飲み方です。ウイスキーの仕込み水や産地の水で割ると、よりおいしいといわれています。

一日に数百種類のテイスティングをこなすウイスキーのブレンダーは、トワイスアップにして原酒のテイスティングをするそうです。その方が、ウイスキーの香りや味の細部まで確認できるからです。

試しに同じウイスキーを、ストレートとトワイスアップで飲み比べてみてください。**ストレートではわからなかったそのウイスキーの個性が、トワイスアップにすると花開くように感じられることでしょう。**

では、オンザロックはどうでしょうか。私は氷がだんだん溶けて、ウイスキーの味が変化していく過程が楽しいので、オンザロックをよく飲みます。たいていの場合、時間の経過とともにウイスキーの角が取れ、甘くなっていくような感じがします。そして飲み頃の濃さになったら、薄まる前に飲んでしまいます。そんな風に、**ウイスキーとの対話を楽しめるのがオンザロックだと思っています。**

日本バーテンダー協会の会長になられた岸久さんは、著書の中でページをさいて氷の重要さについて語っています。

バーではオンザロックに入っている丸い氷や、ジンフィズなどに入れる四角い氷のほかに、シェーカーに入れる氷、ステアに使う氷、チェイサーに入れる氷など、大小様々な氷が必要で、氷屋さんから運び込まれた氷の塊からそれらを切り出すのに、四～五時間かけるというのです。

仕入れる氷にも目を光らせていて、スが入ったりスジが見える部分ではなく、ピシッときれいにクリスタル状に固まった、氷の芯の部分を使うようにしているそうです。ここを岸さんは、寿司ネタのように「氷のトロ」と呼んでいます。

オンザロックに使う氷は、多面体に切り出した「ブリリアント氷」に加えて、丸い氷や、ザックリ切り出した四角い氷などを、グラスや飲み物の種類に合わせて使い分けているといいます。バーへ行ったら、ぜひオンザロックの氷にも注目してください。

最近流行りのハイボールについては、最初は一九五〇年代にトリスバーなどで飲まれた「トリハイ」によって広まったようです。ハイボールは外国にもあり、諸説ありますが、開拓時代のアメリカで生まれた飲み方だという説が有力です。いずれにせよ、現在のハイボールブームは、第二次ブームといってもいいでしょう。

最近はどこの酒場へ行ってもハイボールがあるので、ビールが飲めないときにとても便利です。ビールというのは不思議な飲み物で、体調が悪いときはまったく飲めませんし、おいしくありません。かえってウイスキーやスピリッツなどの強い酒の方が飲めます。そういう意味では、ビールは体調のバロメーターといえるかもしれません。

最後に水割りについてお話ししましょう。今は海外でもスコッチ＆ウォーターとか、ウイスキー＆ウォーターといって飲む人もいますが、もともとは日本独自の文化だと思います。日本酒のアルコール度数が一六％前後だったことから、日本人の味覚には水で薄めたウイスキーが合っていたのです。

水割り文化がさらに広まったのは、サントリーが一九七〇年代に行った「二本箸作戦」の効果です。これは寿司屋や割烹（かっぽう）、居酒屋から蕎麦屋にいたるまで、二本の箸で食事をする和食店にもウイスキーを置いてもらおうという、一大キャンペーンでした。

このとき「ウイスキーの水割りは和食に合いますよ」とさかんに営業したことが功を奏して、「ウイスキーは和食には合わない」という既成観念はなくなりました。ビーフジャーキーかナッツくらいしかウイスキーのつまみにしない外国人は、目を丸くして驚くでしょう。

ちなみに私は、**サントリーのウイスキーは、ストレートで飲んでも、薄い水割りにしても、味が崩れないよう設計されているとにらんでいます。**これはストレートだけに照準を合わせるより難しい技術で、日本の誇れる職人芸ではないでしょうか。

吟醸酒をお燗してはいけない？

「大将、これお燗にして」

「ダメだよ、お客さん。これは大吟醸だから冷やして飲まなくちゃ」

「そうなの？　俺は燗酒が飲みたいんだけど」

「じゃ、こっちの純米酒にしてください」

「それじゃなくて、この大吟醸が飲みたいんだよ」

「ダメダメ、ウチはね、大吟醸はお燗にしませんから！」

こういう押し問答、よくありますね。とくに酒のウンチクたっぷりの日本酒専門店に多いような気がします。このあとに続くお店の言い分は、だいたい次のようなものです。

「吟醸酒はお燗にすると香りが飛んでしまう」

「純米酒や本醸造酒こそ燗酒にふさわしい」

「大吟醸をお燗にするなんてもったいない」

あなたも上から目線でこのように説得されて、「そういうものなのか」と信じていませんか？　でも、本当に吟醸酒はお燗にしてはいけないのでしょうか。

私の思うところ、実際、お燗にすると美味しくなくなる吟醸酒はあります。でも、全部ではありません。

これは吟醸酒に使われている酵母と密接な関係があります。昔から吟醸酒に使われていたのは、協会九号酵母（熊本酵母）や、八〇年代に開発された静岡酵母などでした。これは酢酸イソアミルという香気成分を生成し、バナナやメロンのような香りがします。しかし、九〇年代に入るとアルプス酵母に代表される「香り系」と呼ばれる酵母が登場します。これはカプロン酸エチルという香気成分を生成し、そのリンゴや洋ナシを思わせる派手な香りは、一気に吟醸酒ブームに拍車をかけました。

現在では、全国新酒鑑評会で金賞を取るのは、香り系酵母を使わないと難しいとさえいわれています。そうした風潮にくみしない、酢酸イソアミル系酵母を使う酒蔵は、「鑑評会に出品しない」という選択をするところもあるくらいです。

　このように吟醸香には、大別して二つの香気成分があるのです。そして**概して香り系酵母を使ったお酒は、お燗に向きません。**強い香りでお化粧しているようなものなので、お燗で香りが変化してしまったら、バランスを崩し、その魅力は消え失せます。

　しかし、**香り系ではない吟醸酒をぬる燗くらいで飲んでみてください。香りも立ちますし、味わいもまろやかになって飲みやすくなるはずです。**もちろん冷やでもおいしいのですが、冷やではわからなかった新しい魅力に気づかれることでしょう。

　私は全国的に有名な酒蔵五蔵を集めて燗酒のイベントを主催したことがあります。その五蔵中四蔵は、お燗に向く生酛（きもと）や純米酒を得意としている蔵でしたが、一蔵だけは、「本醸造でも吟醸香がする」といわれるくらい、吟醸酒で名を馳せている蔵でした。

　お客さんは一〇〇名近く集まりましたが、その一蔵の燗酒がおいしくないと文句を言った人は一人もいなかったばかりか、「このお酒はお燗にしてもおいしいんですね」と新たな発見をしてもらえました。ここの蔵がずっとこだわって使ってきた酵母が香り系ではなく、酢酸イソアミル系だったのは偶然ではないでしょう。

「吟醸酒は冷たく冷やして飲む」という固定観念を助長しているのは、最近の日本酒業界の状況が関係していると見ることもできます。

それは日本酒の海外進出です。業界や国をあげてメーカーの輸出をバックアップしていることもあり、二〇一五年の日本酒輸出金額は一四〇億円で、六年連続過去最高を記録しました。最大の輸出国はアメリカで、国別シェアの三六％近くを占めています。

輸出をがんばっている蔵元さんから直接聞いたところによると、マンハッタンやハリウッドでは、高級和食レストランで食事をしながら、冷えた大吟醸のフルーティーな香りを楽しむのが、セレブの間で大人気なのだとか。彼は「今アメリカでは、クール・ジャパン！　クール・サケ！が合い言葉ですよ」と嬉しそうに語っていました。

一方、私が一五年以上前に西海岸へ行ったとき、地元のスシバーで飲まれていたのは、カリフォルニア米でつくった現地生産の日本酒でした。

カリフォルニアロールをつまみに酒を飲んでいるアメリカ人のテーブルには徳利が置かれていて、現地の日本酒メーカーの人が「あれは熱燗ですよ」と教えてくれました。「日本酒は熱々にして飲むもの」という今とは真逆の固定観念があった時代です。「でもこうやって飲むのも人気ですよ」と、スシバーのマスターが出してきたのが、日本酒をオンザロックにしてライムを搾ったものでした。

どちらにしても、香り高い日本の大吟醸がさかんに輸出される以前の話で、隔世の感がありますね。もはや日本酒の熱燗は時代遅れ、今はフルーティーな吟醸酒、それを冷たくしてワイングラスで飲むのが海外のトレンドなのです。

というわけで、吟醸酒を頑(かたく)なにお燗しないお店は、香り系酵母(こうぼ)の酒しか置いていないか、海外の日本酒事情にたいへん精通なさっているかのどちらかでしょう。そういうお店では、おとなしく冷えた吟醸酒を飲むか、酸のあるしっかりした純米酒あたりをお燗してもらい、お茶を濁(にご)すしかなさそうです。

グレーンウイスキーは混ぜ物か？

勘違い！

ウイスキーは、通常、モルトウイスキーとグレーンウイスキーをブレンドしてつくられています。これを「ブレンデッドウイスキー」といいます。

モルトウイスキーとは、大麦麦芽(ばくが)を原料とし、ポットスチルとよばれる単式蒸留機でつくられます。一方、グレーンウイスキーは、トウモロコシ、ライ麦、小麦などの穀類に、糖化(とうか)のための麦芽を一五〜二五%程度加えたものが原料で、連続式蒸留機でつくられます。

ウイスキー愛好家であれば、モルトウイスキーについてはよくご存じですよね? もしかしたら、お気に入りのシングルモルトも一つや二つではないかもしれません。では、グレーンウイスキーについてはどうでしょうか。

ウイスキーの入門書を読むと、モルトウイスキーのつくり方は詳しく解説されていますが、グレーンウイスキーについてはあまり書かれていません。

しかも、ブレンデッドウイスキーに何パーセントのグレーンウイスキーが含まれているかは、世界的に規定はなく、メーカーから公表もされていません。

そこで中には、「グレーンウイスキーは安価な原料で機械的に蒸留された混ぜ物ではないか?」と考える人がいます。安いウイスキーにはモルトはあまり含まれておらず、ほとんどがグレーンではないかという人もいます。安いウイスキーほど飲みやすく味がシンプルなので、そう思うのかもしれません。

たしかに、スコットランドにおけるグレーンウイスキーの成り立ちをひもとくと、はじめは税金逃れのコストダウンが目的だったようです。麦芽に比べて安価な穀類を大量に使用し、一九世紀前半に連続式蒸留機が発明される前は、単式蒸留機で三回蒸留してつくられていました。

こうしてつくられたウイスキーの品質は雑味が多かったので、そのまま飲用されることはほとんどなく、スコットランドからロンドンに送られてジンの原料になっていたそうです。ロンドンではグレーンウイスキーをゆっくり精留して不純物を取り除き、純度の高いスピリッツにしてからジュニパーベリー（セイヨウネズ）の実やハーブ類を加え、ジンとして生まれ変わらせていました。

グレーンウイスキーというと、カフェ式とかカフェスチルという連続式蒸留機の名前が出てきますが、これは一八三〇年にこの蒸留機を発明したイーニアス・カフェの名前に由来します。それ以前にも連続式蒸留機はいくつか開発されていましたが、カフェ式蒸留機は、縦型の蒸留塔を何段にも仕切り、醪が上段から下段に流れながら分留を繰り返すことによって、アルコール度数を高めていくという革新的なものでした。この設計は、今でも連続式蒸留機の基礎になっています。

連続式蒸留機が発明されたことで、グレーンウイスキーの品質は向上し、ジンの原料から、徐々にモルトウイスキーとブレンドするための原料になりました。**グレーンウイスキーの軽やかさや穏やかさは、重厚なモルトウイスキーとは異なる個性を持っていたので、ブレンデッドウイスキーのベースとして最適だったからです。**こうしてブレンデッドウイスキーの軽い味わいは市場で高く評価され、ウイスキーの主流になっていきました。

グレーンウイスキーもモルトウイスキーと同じように、蒸留後は樽に入れて熟成させます。そしてたとえば一二年もののブレンデッドウイスキーであれば、モルトウイスキー同様一二年以上熟成されたグレーンウイスキーが使われています。

また、モルトウイスキーと同じように、グレーンウイスキーも様々な個性を持っています。モルトウイスキーを蒸留するポットスチルにはストレート型、ランタン型、バルジ型、オニオン型、ローモンド型などがあり、それぞれ違う個性の原酒をつくり出していますが、グレーンウイスキーの蒸留機にもいろいろな種類があります。

私はキリンディスティラリーの富士御殿場蒸溜所でグレーンウイスキーの蒸留機を見たことがありますが、そこでは三種類の蒸留機を使ってグレーン原酒をつくり分けていました。

五塔式のマルチカラムという連続式蒸留機では味や香り成分の少ないライトタイプの原酒を、ケトルという単式蒸留機では味や香りが残るミディアムタイプの原酒を、バーボンに使われるダブラーという蒸留機ではヘビータイプの原酒をつくっているのです。

また、実際に見たことはありませんが、ニッカウヰスキーではカフェ式の連続式蒸留機を使っています。創業者の竹鶴政孝(たけつるまさたか)氏がこの蒸留機を導入した一九六三年当時でも、すでにきわめて旧式の蒸留機でしたが、新型の連続式蒸留機に比べて原料由来の香味成分がしっかりと残るからと、カフェ式にしたそうです。

世界的にはシングルグレーンウイスキーの商品は珍しいのですが、モルトもグレーンも同じメーカーでつくっている日本では、各社からシングルグレーンウイスキーが商品化されています。飲んでみると、ひじょうに素直で飲みやすい反面、ウイスキーとしての面白味にはやや欠けるというのが正直な感想です。しかし、**ブレンデッドウイスキーの中のグレーンウイスキーは、味わいのベースとなり、モルトの個性を引き出してくれる存在になります。**

サントリーの名誉チーフブレンダー輿水精一(こしみずせいいち)さんは、著書の中でこのように言っています。

「ブレンディングの世界は、交響楽団の指揮者にたとえられます。ブレンダー（指揮者）は、多彩なタイプの原酒（楽団員）を統率し、妙なる香味のブレンデッドウイスキーを響かせるというわけです」

つまりグレーンウイスキーは、けっしてウイスキーを水増しするための安価なアルコールではなく、ブレンデッドウイスキーという交響楽を奏でる楽団の一員なのです。

焼酎の甲類は質の悪い酒？

勘違い！

量販店で見かける大容量のペットボトルに入った透明な酒。しかも四リットルで二〇〇〇～三〇〇〇円と激安です。

「こんな酒はアルコールを薄めただけのまがい物に違いない」

と決めつけて横を素通りしたあなた。本当にそうでしょうか？

この酒が焼酎の甲類ということは、ご存じですよね。焼酎には甲類と乙類があり、連続式蒸留機で蒸留した焼酎を甲類、単式蒸留機で蒸留した焼酎を乙類といいます。甲類と乙類は、二〇〇六年に呼び名が変わり、甲類は連続式蒸留焼酎、乙類は単式蒸留焼酎となりましたが、「甲類」と「乙類」の名称も併用されているので、ここでは馴染みのある甲類と乙類を使うことにします。

乙類焼酎は、シンプルな単式蒸留機で蒸留するので、原料の芋や麦の香味がしっかり出ていて、個性的なのが特徴です。

一方、甲類焼酎の原料は、糖蜜、サトウキビ、トウモロコシ、麦、米などです。糖蜜の場合は酵母（こうぼ）を加えて発酵させ、その醪（もろみ）を連続式蒸留機でアルコール度数九七％ギリギリまで蒸留し、三六％未満に下げて商品にします。**アルコールと水以外の不純物はほとんど取り除かれるので、甲類焼酎はアルコールの甘みと香りのするピュアな味になります。**

グレーンウイスキーの項で説明したように、イギリスでカフェ式の連続式蒸留機が発明されたのは一八三〇年のことでしたが、では、日本に連続式蒸留機が入ってきたのはいつのことでしょうか。それは一八九五年（明治二八年）頃だそうです。

そして一九一〇年（明治四三年）には、愛媛県宇和島（うわじま）の日本酒精（にほんしゅせい）という会社が、干し芋を原料にして、連続式蒸留機で蒸留した日本で最初の甲類焼酎を発売しました。これは

「ハイカラ焼酎」とよばれ、品質がよく安価なため、大人気となったそうです。

乙類焼酎の品質が上がり飲みやすくなったため、焼酎ブームが起きたのはつい最近のことでしたよね。とすると、明治末頃の乙類焼酎は、かなり個性が強く、香りや味にもクセがあったのではないかと思われます。そこへピュアで飲みやすいアルコールが発売されたのですから、大評判になるのもわかります。

戦後すぐの一九四八年頃から、甲類焼酎をビール風飲料で割る飲み方が生まれ、ビールの代用品として親しまれました。ホッピーの誕生もこの頃で、当時はホッピー以外にもビール風飲料がたくさんあったのですが、最も大衆に支持されたホッピーだけが、現在まで生き残っているというわけです。

ホッピーで割る甲類焼酎は、キンミヤ焼酎が最も合うといわれていますが、それは味がまろやかで口当たりがよいからだとされています。また、ホッピーをおいている下町の居酒屋で飲まれていたのがキンミヤ焼酎だったからだという説もあります。

どちらにせよ、**大容量のペットボトルに入っている甲類焼酎はほんの一部で、全国に甲類焼酎を製造している会社は六〇社以上あるのです。その中には清酒や乙類焼酎をつくっている地方の酒蔵もあります。**私はそんな蔵のひとつを訪問したことがあります。

巨大な連続式蒸留機は、マンション一棟分くらいありました。蔵元と一緒に階段を上って最上階まで行くと、そこからは清酒蔵の全貌が見渡せました。そのとき蔵元は「もう連続式蒸留機は売って甲類はやらないつもりです」と言ったのです。理由は、大手メーカーとの価格競争に対抗できないからだということでした。キンミヤ焼酎のようにホッピーと手を組んでブランドイメージがはっきりしている甲類はいいとして、全国の小さな甲類たちはこれからどうなるのだろうかと、心配になった瞬間でした。

グレーンウイスキーの項で連続式蒸留機にもいろいろな種類があると言いましたが、カフェ式以後の技術革新はすさまじく、複雑で不純物を取り除く精留塔を多く備えたアロスパス式へ、そして現代のスーパーアロスパス式へと進化しました。

現在多くの甲類メーカーが採用しているのが、スーパーアロスパス式とのことです。不純物の抽出分離を極限まで効率化しているので、より磨きのかかったアルコールを、効率的かつ安価に抽出することができるのです。

チューハイブームの頃は、どうせ割ってしまうのだからと、なるべくクセのない甲類が喜ばれましたが、今は甲類も個性化の時代だといいます。

それは、一九七四年のホワイト・レボリューションに端を発しています。このときアメリカでウオッカの消費がバーボンを抜き、世界的に無色透明の酒が流行したのです。

日本の甲類も「この流れに乗らなくちゃ」と、従来のピュアな甲類焼酎に、樽貯蔵した甲類焼酎をブレンドした商品などを生み出しました。そのほか、精留をおだやかに行って原料の風味を残すようにしたものや、糖類やクエン酸、酒石酸なども加えてよいことになっているので、それらを加えるもの、反対に無添加を謳うものなど、じつは各メーカーで少しずつ味の差別化を図っているのです。

私は大容量ペットボトルの甲類焼酎を炭酸で割って、ポッカレモンを少し入れて飲むのが好きです。でも、下町の古い居酒屋や旅先などで、まったく知らない甲類焼酎に出会ったときは、そちらを飲みます。少し高いかもしれませんが、大手メーカーとはまた違った味わいがあると思うからです。

精米歩合が低いほどよい酒？ 勘違い！

日本酒の原料は、当然のことながらお米です。特に酒づくりに適したお米を「酒造好(しゅぞうこう)

適米」といいますよね。よく「酒造好適米は食べるとおいしくないの？」と質問されますが、そんなことはありません。

昔の杜氏は、蒸し米を手でひねり潰して蒸しの状態を確かめていました。これを「ひねり餅」といいます。私は灘のある酒蔵で、特別にホットケーキくらいの大きさにつくった巨大ひねり餅をいただきました。これに醤油をつけて焼いて食べたら、まあなんと香ばしくておいしいこと！　ひねり餅にしなくても、酒造好適米は食米よりモチモチ感のない、サラリとした食感ですが、まずくはないです。

酒造好適米が食米と違う点は、**粒が大きく、真ん中に心白と呼ばれる部分があることです。この心白が、麹カビが菌糸を伸ばしやすい構造になっているので、酒づくりに適しているのです。**そしてこの心白こそが、糖化のために必要なデンプン質なのです。

アルコールをつくるには初めに糖が必要です。その糖を炭酸ガスとアルコールに分解するのが酵母です。これをアルコール発酵といい、基本的に糖と酵母があればアルコールはできるのです。ブドウには初めから糖分があるので、そこへ果皮についている酵母がはたらくと、ワインができるというわけです。まあ、これは大昔の話で、今はワイン用酵母を添加するのが一般的ですが。

一方、日本酒の場合は原料の米に糖は含まれていません。糖のもとになるのがデンプン質です。そしてデンプンを糖化するのが、麹の役目なのです。ですから麹がはたらきやすいデンプン質でできた心白は、日本酒をつくる際にきわめて重要だといっていいでしょう。

では心白の外側はというと、脂質やタンパク質が多く含まれています。脂質やタンパク質は、旨味のもとであると同時に、お酒にすると雑味にもなってしまいます。そこで、極力心白だけを残して、米の周りを削ったほうが、雑味のないスッキリしたきれいな酒になるというわけです。

精米歩合七〇%というのは、心白を中心に米の七〇%を残して、外側を三〇%削った状態のことです。ちなみに「削る」という言葉はあまり印象がよくないからか、酒造業界では精米することを「磨く」といいます。

江戸時代に灘酒が珍重されたのは、宮水の存在もありましたが、川を使った水車精米をいち早く導入し、精米した米（といっても八五%くらいだったようですが）を大量に生産し、酒蔵に供給できたからだといわれています。

今ではコンピュータ管理の最新鋭精米機を使いますので、もっと精密に米を磨くことができます。酒税法上、精米歩合五〇%以下なら大吟醸と名乗れますが、多くの酒蔵は三五%くらいまで磨(みが)いていますし、全国新酒鑑評会で金賞を取るには、そのくらい磨かなければならないといわれています。

そこで、一部の蔵元の間では米磨き競争のようになり、二三%まで磨いた酒が出たかと思えば、「ウチこそ一番」とばかりに二一%まで磨く蔵が現れ、最近ではなんと七%まで磨いた酒まで登場しています。

いくらコンピュータ管理の精米機といえども、ここまで磨くのはたいへんな技術です。精米歩合九〇%くらいの食米は米同士をこすり合わせるようにして精米しますが、酒米は米が割れないようにヤスリのようなロールで磨きます。しかも、高速で磨けば米の温度が上がり、ただでさえ柔らかい心白(しんぱく)が割れてしまうので、ゆっくり時間をかけて磨かなくてはなりません。

通常、精米歩合七〇%で約一二時間、五〇%で約四八時間、三五%で約八〇時間かかるといわれていますが、米の磨きにこだわる酒蔵は、六〇%でも一八時間かけるなど、なるべく米に負担をかけないよう、より精米に時間をかける傾向にあります。

ちなみに酒造期間中、精米機は休むことなく昼夜問わず動き続けています。精米中の精米所に入ったことがある人ならわかると思いますが、ものすごい騒音で、隣の人とも大声でしゃべらないと話ができないほどです。そのため、人里離れた山の中にある蔵ならともかく、町の中にある蔵は騒音を出せないなどの事情で自家精米をあきらめ、共同精米所などに精米だけお願いするところが増えてきています。これも時代の流れで仕方ないことなのかもしれません。

精米歩合が三五％となると、あとの六五％はどこに行ってしまうのだろう？ という疑問が出てきますよね。精米所では、米の表面に近い糠（ぬか）は赤糠、米の中心に近い糠は白糠といって、分かれて出てきます。そして赤糠は飼料など、白糠は煎餅（せんべい）や餅（もち）などの原料として引き取られていきます。白糠が大量に出る蔵の中には、白糠を使って焼酎をつくっているところもあります。

とはいっても、糠はあくまでも副産物であって、お酒にはなりません。同じ値段で玄米を買ったとしても、精米歩合七〇％のお酒に比べて三五％のお酒の方が、使わないところが多いため、割高になってしまいます。そのほか精米の加工にもお金がかかるため、精米歩合が低いお酒ほど価格が高くなるのです。

さきほどの精米歩合七％のお酒は、あるサイトで四合瓶一本六万円の値がついていました。七%は飲んだことがありませんが、二三%や二一%の酒は飲んだことがあります。どちらも雑味がなくきれいな味わいではありましたが、私にとっては少し物足りないというか、もう少し旨味がほしいような気がしました。

ここまでくるともはや個人の好みで、価格が高くても雑味がないピュアな酒が好きかどうかの問題になります。

米磨き競争に反旗を翻して、精米歩合の高い酒をあえてつくる動きもあります。多くは昔あった品種の酒米を使い、精米歩合を江戸や明治の頃の八五%程度にした酒です。これを当時の酒づくりの主流だった生酛や山廃で仕込むのです。まさに先祖返りともいえる酒で、復刻酒と名乗ったり、または通常の酒のひとつとして売られています。

この生酛や山廃とは、お酒のつくり方のことです。生酛は江戸時代、山廃は明治時代に確立された方法で、いずれにしてもひじょうに手間がかかる一方、現代的なつくりのお酒より骨格がしっかりしていて、味に複雑味と幅があるのが特徴です。

昔のつくりとはいえ、現代の醸造技術は当時より何倍も進んでいますから、八五%の酒でも、雑味がありすぎて飲めないということはありません。クドいどころか、むしろお米の旨味がしっかりありながら「おや?」というほどスッキリとしています。このスツキリさが杜氏(とうじ)の腕の見せどころで、**精米歩合が高くてもきれいな酒を飲んだら、間違いなくその蔵の醸造技術は高いはずです。**

もちろん、ほとんど米を磨いていない酒で、雑味たっぷりのコッテリ系が好きならそれでもいいのです。要するに自分はどんな酒が好きかということが大事で、精米歩合が低ければ低いほどよい酒だと考えるのは早計ということです。

肉には赤、魚には白、生牡蠣(なまがき)にはシャブリ？

勘違い！

私は職業柄、いろいろなお酒を手に入れることが多いのですが（家には常時一〇〇種類以上のお酒があります）、それがたまたま渋い赤ワインだった場合、張り切って「よーし、今日はステーキだ！」とばかりサーロインを焼いて、赤ワインを飲んでいました。しかし、これがどうやら必ずしも正しくはなかったようなのです。

とはいっても、「肉には赤、魚には白」は基本的な考え方で、ここが出発点といってもいいでしょう。では、なぜそういわれているのでしょうか？　そもそもワインと料理の「相性」とはなんなのでしょう。

日本人は日本酒について、「この酒は料理を邪魔しない」「酒で料理の脂を洗い流す」などと言いますね。これは極論すれば「酒で料理の個性を消す」という考え方なのですが、ワインについても知らず知らずのうちに、そのような感覚で料理との相性を語っていることが多いのです。ところが、ワインと料理の「相性がよい」というのは、「料理とワイン両方の美味しさが増幅し合う」ということらしいのです。

ソムリエの高橋時丸（たかはしときまる）さんが著書の中で言っているのですが、「フォアグラのテリーヌにはソーテルヌ」という定石があるにもかかわらず、実際には赤ワインを選ぶ人も多い、と。これは私にもあてはまっていて、ただでさえこってりしたフォアグラが、甘口ワインでさらに甘くなるのは、重たすぎると思ってしまいます。

また、「牛のステーキにすごく渋みの強い赤ワインを合わせようとする人もいるでしょう。味覚的な相性としては、ワインの渋みで肉の風味が消えちゃうと思うんだけど、そこがいいと思っている人は多い」ともおっしゃっています。

うわ〜、これも私のことだ！

では何を飲んだらよいのかというと、ここは相性的にはカリフォルニアのシャルドネなどの白ワインなのだそうです。その方が、より肉の香りを増幅させるからなのです。

この「増幅」という言葉をキーワードに、今度は世界一のソムリエ田崎真也（たさきしんや）さんのご意見に耳を傾けてみましょう。

田崎さんは、料理とワインの相性を考えるとき、一番重要なのは香りだと言っています。似た香りをもったワインと料理は、お互いを引き立て合う、つまり味わいが増幅するからです。

一般的には、柑橘（かんきつ）系やハーブ系の香りがする白ワインは、柑橘類やハーブを添えることが多い魚に合います。また、胡椒（こしょう）やシナモンといったスパイス系の香りのする赤ワインには、スパイスを使う肉料理が合うのです。

つまり、**相性は、肉や魚ありきではなく、どのような調理法か、どんなソースや調味料を使っているかで変わってくるのです。**肉でもハーブを使えば白ワインに合うかもしれないし、魚でもスパイシーに仕立てれば赤ワインに合うかもしれません。日本料理でいうと、同じ鰻（うなぎ）でもワサビを添える白焼きには白ワイン、山椒（さんしょう）をかける蒲焼きには赤ワインというわけです。

肉や魚より、もっと簡単なワインと料理の合わせ方があります。これはいろいろな人が提唱しているので、知っている人も多いかもしれません。それは、料理の色とワインの色を合わせるという方法です。

たとえば肉でも白い鶏肉なら白、魚でも赤身のカツオなら赤。パスタでも、ペペロンチーノなら白、ミートソースなら赤という具合い。実際にはワインにも料理にも、もっとたくさんのパターンがあるので、田崎さんは五パターンの色分けをしています。

グリーン（柑橘系の香りの若草色）、イエロー（甘い香りの黄金色）、ロゼ、ライトレッド（明るめの赤）、ダークレッド（濃い血のような色）の五パターンです。そしてそれぞれ同じような色の料理を合わせればよいとしています。

ちなみに、寿司とワインは合うでしょうか。もちろん生魚には日本酒が一番合うと思いますが、私もたまには樽香の少ない辛口の白ワインで、刺身からにぎりまで通すこともあります。江戸前のにぎりはとくに酢飯が酸っぱいので、それがワインの酸味と合うような気がするのです。

さて、刺身や寿司が出てきたら、生牡蠣の話もしなければいけませんね。今でも「生牡蠣にはシャブリ」と信じている人がいるのですが、それは昔の話。**パリでは海沿いから運ばれてくる生牡蠣の鮮度が悪かったため、酸味の強いシャブリをたくさん飲めば、**

生牡蠣にあたらないと思われていたのです。

ただ、生牡蠣にレモンを搾るとおいしいように、酸味の強いスッキリしたワインは生牡蠣に合うでしょう。そして辛口で酸味の強いワインなら、なにもシャブリに限定することはないというわけです。

ところで、私はチリで生牡蠣を食べましたが、あちらの牡蠣は日本の牡蠣と違い、クセのない普通の貝のような牡蠣でした。こういう牡蠣なら白ワインにも合うなと思ったものです。

また、私がよく行くオイスターバーの牡蠣は、紫外線を当てた水槽に七二時間つけて殺菌しているので、あたりにくいのはいいのですが、なんとなく牡蠣独特のクセも抜けているような気がしてなりません。でもここのクセのない生牡蠣も白ワインに合います。

何が言いたいかというと、「産地直送！ 北海道厚岸（あっけし）産の生牡蠣」のような、クセも旨味もガツンと強い日本の牡蠣は、ワインより日本酒に合うのではないかということです。**日本で日本の牡蠣を食べるなら、生牡蠣にはやはりシャブリではなく日本酒だと思います。**

電子レンジでお燗をしてはいけない？

勘違い！

日本酒はさまざまな温度帯で飲むことができる、世界的にも珍しいお酒です。私は燗酒が好きなので、冬だけでなく、夏でもお燗をして飲んでいます。**燗酒にすると、冷やではわからなかった日本酒の複雑な味わいが引き出され、お酒によっては冷やよりまろやかになったり、旨味が増したりします。これを「燗上がり」といいます。**

お燗には温度によって呼び名があることはご存じですよね。

三〇度の「日向燗」は、ほとんど温度の高さを感じないのですが、ほんのりお酒の香りが引き立ちます。三五度の「人肌燗」は、徳利にさわると温かく感じる程度で、味にふくらみが出てきます。四〇度の「ぬる燗」は、徳利はちょうどいい熱さで、お酒の味と香りが一番よく出ます。

四五度の「上燗」になると、注いだときに湯気が出る状態で、日本酒特有のツーンとした香りになってきます。五〇度の「熱燗」では、徳利を持つと「熱い」と感じ、味や香りがシャープになってきます。五五度の「飛びきり燗」になると、徳利が持てないくらい熱く、より辛口でキレがよくなります。

私がよく行く立ち飲み屋の店主はお燗のつけかたが絶妙で、「ぬる燗で」とお願いしても、その日の気温によってつける温度を変え、さらにお酒がグラスに注がれることによって下がる温度まで計算して、お燗をつけています。まさにプロですね。

こんな技を持っていない私は、家ではもっぱら電子レンジでお燗しています。いえ、お燗用の酒器はたくさん持っているんですよ。でもそれはお客さん用。だって電子レンジの方が便利じゃないですか。

私ですらこうなのですから、一般家庭で毎日湯煎(ゆせん)でお燗をつけているという人は少ないのではないでしょうか。そして、お燗の方がおいしいとわかっているのに、ついつい冷蔵庫から出したままの冷酒を飲んでいる……。そうなるくらいなら、素直に電子レンジを使った方がいいのです。

湯煎のお燗と電子レンジのお燗には、どんな違いがあるのでしょうか。やはり湯煎の方がおいしくて、電子レンジの燗酒はまずいのでしょうか。

湯煎の場合、アルコールが揮発する温度より低い温度で燗がつくので、香りが飛びにくいといわれています。電子レンジは酒を直火で加熱することに似ているので、湯煎より急激に温度が上がりやすく、香りも飛びやすいのです。

だから、**電子レンジでお燗をつけるのにはちょっとしたコツがあります。まず徳利の上部をラップで覆って香りを逃がさないようにしなければいけません。**

また、レンジではお酒がうまく対流しないので、徳利の上部だけ熱くなって、下は冷たいということが起こります。それを解決するためには、いろいろな方法があります。

まず、少し温めてから取り出し、徳利を振って中身を均一にしてからまた温める方法があります。

また、二本の徳利を使う方法もあります。一つには水を、一つにはお酒を入れ、どちらも温まったら、水（お湯）を捨て、そこへお酒を移し替えます。こうすれば温度のムラはなくなります。一番簡単なのは、徳利の中に金属を使っていない箸を一本立ててレンジに入れる方法です。これだけでもかなりお酒が対流しやすくなります。

しかし、ここには徳利の形状が対流しにくく、電子レンジに向いていないという、基本的な問題があります。そこで、対流の起こりやすいレンジ燗用の酒器というものも売られています。徳利の首がくびれていることが、温度差ができる最大の原因なので、たいていくびれのない形をしています。まあ、そんなものを買わなくても、私のオススメは空になったワンカップです。あれはレンジ燗用には最強です。

　ちなみに私は、フグのヒレ酒が大好物なのですが、これこそ電子レンジでつくる以外考えられません。ワンカップに酒とヒレを入れたら、ラップをせずに沸騰するくらいまで温めます。するとじわ〜っとヒレのダシが出て黄金色になり、香ばしいヒレ酒ができあがるのです。ついでにいうと、ヒレは必ずあらかじめ焼いてあるものを買ってください。フグのヒレをヒレ酒用に上手く焼くのは、素人には難しいですから。

「電子レンジではお燗の温度が調節できないのでは？」という心配もご無用。今は細かい温度や、秒単位の時間まで設定できるレンジもありますし、そもそもお燗の温度をことさら気にする必要はありません。

　私の場合、沸騰させたらダメですが、飛びきり燗まで熱くしておいて、だんだん冷めていく過程でいろいろな味わいの違いを楽しんでいます。これは広島のある杜氏さんに教わった飲み方です。

「でもやっぱり電子レンジは邪道じゃない？」と言うそこのあなた。新橋のある居酒屋では、なんと大きなやかんに一升瓶からドボドボと酒を入れ、直火で沸かして燗酒にしています。その熱燗は、飲んだ蔵元に「ウチの酒をこれほどおいしく燗にする店は、全国でもなかなかない」と言わしめるほどです。
だから**難しく考えないで、お酒は電子レンジでチンしましょう。**今夜あたり、おうちで燗酒いかがですか？　ただ、燗酒は体温に近く体に優しい反面、吸収が早いので酔いの回りは早いですよ。どうぞお気をつけて。

発泡酒や新ジャンルのビールは偽物？

勘違い！


ビール好きなら「ビール純粋令」をご存じだと思います。

ドイツで一五一六年に、バイエルン公ヴィルヘルム四世が公布した「ビールは大麦とホップと水だけしか使用してはならない」という法律です。一六世紀半ばには、ここに「酵母（こうぼ）」が加えられ、「大麦、ホップ、水、酵母」の四つがビールの主原料として定められました。

そこで、「これ以外の原料を使っているのはビールではない！」と主張する人がいます。たしかにビール純粋令によって、ドイツビールの質は格段に上がりました。ですからビール純粋令は現在でも遵守されており、世界各国にも広まっているのです。

ひるがえって、わが日本のビールはどうでしょうか。最近は麦芽（ばくが）一〇〇％のビールが増えましたが、昔はビール純粋令を守っているビールは、サッポロの「ヱビス」くらいでした。高級ビールで価格も高めですが、「おいしい」と評価する声がある一方、「重たい」「飲みにくい」という声もあります。

そのほかのビールは概ね副原料を使っていました。アサヒの「スーパードライ」やキリンの「ラガー」など、今でも副原料が使われているビールは多いです。

酒税法で定められた副原料とは、麦芽・ホップ・水を除いた原料のことで、麦・米・コーン・こうりゃん・馬鈴薯（ばれいしょ）・スターチ・糖類・カラメルと決められています。

ではなぜ副原料を使うのでしょうか？　**メーカーでは「味の調整のため」と説明しています。麦芽一〇〇％のビールより味がスッキリし、まろやかになるので、飲みやすいビールになるというわけです。**

キンキンに冷やして一気に喉へ流し込むという、日本人が好む飲み方には、麦芽一〇〇％の重みやコクはむしろ邪魔なのかもしれません。ちなみに私は、日本で最も売れているビール「スーパードライ」は、副原料なしだったらあの味は出せなかったと思っています。

副原料を使う時点で、「もうビールじゃない！」と怒り出す人がいるかもしれませんが、一九九〇年代には、副原料の比率をもっと高くしたビールが出てきました。これが発泡酒です。

酒税法上、ビールは麦芽（ばくが）の使用率が約六七％以上のものをいいますが、六七％未満だと発泡酒になります。また、ビールの製造に認められない原料を使用したものや、麦芽を使用せず麦を原料の一部としたものも発泡酒に分類されます。その酒税は、ビール一缶（三五〇ミリリットル）が七七円なのに対して、発泡酒が四七円と、発泡酒の方が安いので、「安くてビールより飲みやすい」と、大ブレイクしました。

私も発泡酒ブームのさなか、「発泡酒二〇種類飲み比べ！」などという雑誌の企画をたのまれてテイスティングしましたが、あれは正直キツかった。どれを飲んでも同じような味なので、二〇種類の発泡酒を書き分けるのに、かなり苦労したのです。

副原料たっぷりの発泡酒は、軽くてスッキリしている以外に味の違いがわかりにくいのですが、それでも各社こぞっていろいろな銘柄を市場に投入していました。ですから一年もたたないうちに消える銘柄も珍しくなく、まるで清涼飲料水市場のような活況を呈していたのです。

　発泡酒が流行ればそれだけ税収が減るため、国税庁は苦々しく思っていたのでしょう。そこで一九九六年に麦芽比率五〇％以上の発泡酒とビールの税金を同じにしました。するとビールメーカーは、もっと麦芽（ばくが）比率の低い発泡酒を開発して抵抗しました。

　そうした発泡酒も二〇〇三年に増税されると、今度は当時「第三のビール」とよばれた「新ジャンル」が出現しました。その先鞭（せんべん）をつけたのが、サッポロの「ドラフトワン」。そう、あの世界が仰天したエンドウ豆ビールです。

　発売当初の酒税法上の分類は「その他の雑酒」だったため（現在は「その他の醸造酒」）、酒税が著しく低く、一缶一二五円という激安ぶりにも人気は集まりました。飲んでみると、全然豆テイストはなく、スッキリとした薄味でしたが、たしかにビールテイストでした。こんな飲料をエンドウ豆でつくるなんて、サッポロの技術陣はすごすぎる！　と感動したものです。

　新ジャンルにはもうひとつ、「リキュール」に分類されるものがあります。これは発泡酒に、麦からつくったスピリッツを加えたものです。リキュールの酒税もビールの酒税より安いため、新ジャンルは低価格なのです。

私は新ジャンルのリキュールというのは、ホッピーで割った焼酎から発想したのではないか？と密かに思っています。

ホッピーの実態はノンアルコールビールで、焼酎を加えることでビールのようになります。そこで新ジャンルに使われる発泡酒というのが、じつはこのホッピーに似た存在だと考えると、つじつまが合うのです。そう思うと新ジャンルの味と、スッキリと飲みやすいホッピーの味が重なって、なんとなく美味しく感じられるから不思議です。

このように、なるべく酒税をかけられまいとして、低価格でビールに近い飲料を提供しようと、各社血のにじむような努力を重ねてきたわけです。ああ、それなのに、国税庁はすべてビールと同じ酒税に改正しようと狙っているらしいのです。そうしたらきっとビールメーカーは、さらに研究を重ねて第四、第五のビールを世に出すことでしょう。ビールづくりは常に税金との戦いでもあるのです。

発泡酒や新ジャンルは偽物？　たしかにそうでしょう。ただ、日本にビール純粋令があったら、こんなにも多くのビールテイスト飲料が存在したでしょうか。今やダイエットや成人病予防のためのビールテイスト飲料までつくられているのです。世界中見回してもこんな国はありません。

私は酒税に戦いを挑み、ビールを発展させてきた技術者たちを誇りに思いますし、いろいろな日本独自の「ビール」を面白く飲ませてもらっています。

日本酒は新酒が一番？

勘違い！

酒蔵の表にかかげられる杉玉（すぎたま）。別名「酒林（さかばやし）」ともいいますが、それが瑞々しい緑色をしていたら、「新酒ができました」という印です。日本酒はその年に収穫した米で一〇月頃から仕込みを始めるので、新酒ができるのは一一月頃でしょうか。

日本人、とくに江戸っ子は、「初物」や「はしり」をありがたがります。だから「あらばしり」「しぼりたて」などという名前で売られている新酒が人気なのでしょう。そこには「一年間待ち焦がれていた酒がついにできた！」という喜びもあります。

たしかに酒蔵で槽口（ふなくち）から流れ出てきたばかりの原酒はおいしいです。火入れ前で発酵しているため、まだ炭酸ガスが含まれていて荒々しいですが、そのフレッシュさには感動します。

酒蔵の中には、このおいしさを多くの人に味わってもらおうと、朝搾ったばかりの酒を瓶に詰めて売っているところもあります。地元の日本酒ファンもよく知っていて、早朝から行列ができるそうです。

そう、新酒はたしかにおいしいです。でも日本酒は四季を通じて楽しめるお酒です。四季のはっきりした日本固有のお酒ですから当然ですよね。

冬の新酒の次は、春の生酒や薄にごりのお酒が出てきます。

新酒にも生酒は多いのですが、搾りたてのため、どうしてもカドがあります。しかし**春の生酒は数ヶ月ではありますが、冷蔵庫で寝かせてあるため、フレッシュでありながら、まろやかで優しい味わいになっています**。それがうららかな春の気候と合うのです。

また、春にはよく霞がかかりますが、そんなイメージで薄にごりを楽しむのも粋です。**真っ白なドロドロのにごりではなく、うっすらとにごった軽やかな薄にごりは春にピッタリ。**麹(こうじ)やお米の旨味が残っていて、透明なお酒とはひと味違います。

夏にはスパークリングタイプや、アルコール度数を低めにして飲みやすくした低アルコール酒などがおすすめです。

スパークリングタイプには、あとから炭酸を注入したものと、シャンパンのように瓶内二次発酵をさせたものがありますが、どちらもスパークリングワインのような泡立ちです。**夏にはシュワッと泡立つ日本酒を、キンキンに冷やして**飲んでほしいですね。

低アルコール酒は、ビール程度のものからワイン程度のものまで、アルコール度数はいろいろです。アルコール度数が五〜八%くらいのお酒は、だいたい甘酸っぱい味なので、日本酒初心者の女子にすすめると、たいへん喜ばれます。

また、アルコール度をワイン程度まで下げた濁り酒を、夏用につくっている蔵があるのですが、これが秀逸で、甘くないカルピスみたいでスイスイ飲めてしまうのです。こういうお酒を真夏の太陽の下で、昼間から飲むのは最高です。

秋はもちろん「ひやおろし」や「秋上がり」といったお酒の出番です。これは冬につくったお酒を貯蔵し、夏を越して秋まで熟成したお酒です。ひと夏寝かせているうちに、お酒は味が落ち着いてまろやかになり、旨味も増すのです。

とくに「生酛（きもと）」や「山廃（やまはい）」といった種類のお酒は熟成に向いているので、ひやおろしにするとおいしいです。

秋も深まって肌寒くなってきたら、お燗にするとこれがまた旨い。つくりのしっかりしたひやおろしには、「燗上がり」する酒が多いからです。

どうですか？　日本酒は新酒だけではないことが、少しはわかっていただけたのではないかと思います。

では、新酒の対極にある古酒はどうなのでしょうか。

古酒は日本酒を数年から、長いものでは数十年寝かせたお酒です。古酒の定義はこれだけなので、もとの原酒のつくりや、寝かせるときの温度は千差万別です。ですから古酒の試飲会に行くと、百花繚乱（ひゃっかりょうらん）の様相を呈しています。

注意しなければいけないのは、多くの古酒には「ひね香（か）」という独特の香りがあることです。これが嫌いという人は、この香りがついた古酒は、まず飲めないでしょう。実際、私もひね香は苦手です。でも、そんな私にも飲める古酒はたくさんあります。

たとえば、岐阜（ぎふ）に、何十年も古酒だけをつくっているという変わった蔵があるのですが、そこの古酒は私でも飲めます。古酒特有の茶色い色をしていますが、ひね香がないのです。

じつは古酒というのは、ある時期まではひね香があるのですが、一定年数を超すとひね香がなくなるうえに、プラムや杏（あんず）のような味わいのある、美味しい酒に変貌するのです。古酒の世界では、これを「解脱（げだつ）」というのですが、解脱した古酒は本当に美味しいです。

また、**古酒といえば常温で熟成させるのが普通でしたが、今は、冷蔵庫の中で熟成させた古酒も多く出回っています。こういう古酒は色も茶色くないですし、ひね香もしません。**しかし、ゆっくりとですが熟成はしているので、まろやかで旨味の濃い酒になります。

このように古酒の世界も奥深いので、ちょっと変わったお酒が飲みたいと思ったときに飲んでみてください。

さて、今あなたの近くの酒蔵の酒林は、どんな色をしているでしょうか。酒林は、新酒が出る冬は緑色ですが、だんだん枯れてきて、翌年秋には茶色になります。私など、茶色い酒林を見ると「そろそろひやおろしの季節だ～」とよだれが出てきます。あなたは何色の酒林がお好きですか？

酸化防止剤が入ったワインは体に毒？

勘違い！

ワインの裏ラベルに「酸化防止剤（亜硫酸塩）」と書いてあるのを見たことがあると思います。なんだか体に悪そうな気がしますよね。そんな不安に乗じてか、最近は「酸化防止剤無添加」という国産ワインが格安で売られています。そのワインを飲むと、普通においしいのです。ならば、酸化防止剤なんていらないのではないかという疑問が生じます。

じつは、ワインづくりに亜硫酸塩が使われ始めたのは、ギリシア・ローマ時代からだといわれています。当時はワインの容器の中で硫黄を燃やして亜硫酸塩をつくっていました。なぜそれほど昔から、亜硫酸塩が使われ続けているのでしょうか。

もちろんワインが酸化するのを防ぐというのが第一の目的なのですが、そのほかにもいろいろな作用があるのです。

亜硫酸塩は、ワインになる前のつぶしたブドウ果汁の酸化も防止します。それから、ワイン酵母（こうぼ）以外の雑菌を殺して、正しい発酵を促してくれます。それだけではなく、ブドウの種や皮の成分が溶け出すのを助けたり、グリセリンという旨味成分が溶け出すのを助けたりして、ワインにコクを与えます。さらに、ワインの中のコロイド粒子を沈殿させ、澄んだワインにしてくれます。また、マロラクティック発酵を抑える働きもあります。

このマロラクティック発酵とは、ワインの中のリンゴ酸が、乳酸菌により乳酸と炭酸ガスに分解される反応です。リンゴ酸の方が乳酸菌より二倍くらい酸っぱいので、マロラクティック発酵が起こるとよりまろやかなワインになるのです。ですから、ワインに意図的に酸味を残したい場合は、この発酵を抑えるために、亜硫酸塩を少し加えるというわけです。

このように、ワインに対してさまざまなよい働きをする亜硫酸塩ですが、本当に害がないのかどうか気になりますね。

たしかに多量の亜硫酸ガスを吸い込めば、呼吸器系に害がありますが、ワインのように液体の状態ではほとんど問題がないことが動物実験で確かめられています。また、各国で使用できる上限が定められていて、日本ですと三五〇mg／リットル（〇・〇三五％）となっています。

ラットを使った実験を体重五〇キロの人間に当てはめてワインに換算すると、毎日十一リットル以上（ワイン一五本）を一～二年続けて飲んだ場合には害がありますが、その半分（七本半）程度ではまったく症状は現れないという結果が出ています。それより、毎日一五本のワインを飲み続けていたら、亜硫酸塩の害より前に、肝臓がやられるか、アルコール依存症になりますね。

ただ、酸化防止剤アレルギーというのもあるので、そういう人には害があります。しかし蕎麦アレルギーや卵アレルギーがあっても、蕎麦や卵が有害物質ではないように、酸化防止剤もほとんどの人には無害に近い物質なのです。

それでも「添加物が入っているのはイヤ」という人のためにつくられたのが、国産の酸化防止剤無添加ワインなのでしょう。その最大手であるメルシャンに聞いたところによると、細かい製造方法は企業秘密ですが、基本的には通常のワインと同じつくりだそうです。とにかく全工程において鮮度にこだわり、特殊なコーティングをしたペットボトルに入れて「絶対酸化させない」ようにつくっているそうです。一部に香料等が入っている製品もありますが、メルシャンでは、酸化防止剤以外の添加物も一切入れていません。

醸造技術の発達で、酸化防止剤無添加でもそれなりのワインがお手頃価格でつくれるようになったわけで、これは驚くべきことですね。

酸化防止剤無添加ワインというと、「ビオワインのこと？」と思う人もいるでしょう。

ビオワインには二種類あり、ひとつはビオロジック（バイオロジカル）ワインで、もうひとつはビオディナミック（バイオダイナミック）ワインです。

ビオロジックワインは、有機農法または無農薬農法によって栽培されたブドウを使用して生産されたワインのことです。一般に有機ワイン、オーガニックワインといわれているものです。

ビオディナミックワインは、人智学者ルドルフ・シュタイナーの提唱した農法で栽培されたブドウで生産されたワインです。牛糞やハーブなどを用いた手づくりの特殊な有機肥料を使用し、月と太陽の運行や、星座の位置を示した独特なカレンダーに沿って栽培や収穫を行います。

私はニュージーランドでビオワインをつくっている日本人生産者を取材したことがあるのですが、彼がこんなことを言っていました。

「ワインの原料はブドウだけですよね。ビールや日本酒は加水をしますが、ワインはブドウの水分だけでできている。その水分はどこから来たかというと、天から降ってきた雨です。その雨がブドウ畑の土壌に浸透して、ブドウの根から吸収されてブドウの実として結実する。ピュアな土壌からはピュアなブドウができ、それがピュアなワインになる。それがビオワインです」

彼らの中には、自然酵母だけを使い、温度管理もしないという生産者もいます。フランス語でビオワインを説明すると、「ニ・スフレ、ニ・コレ、ニ・フィルトレ」つまり「（酸化防止のための）硫黄も添加しない、清澄もしない、フィルターもかけない」という意味になります。

そのためビオワインには特殊なつくり方があるのですが、絶対に酸化防止剤を入れないかというと、そうではありません。じつは酸化を防止するだけでなく、先に挙げた様々な作用を得るために、醸造の途中で、また瓶詰めの時に、少量使う生産者も多いのです。

ためしに酸化防止剤無添加のビオワインを飲んでみました。ひとつはラングドックの赤。ビオロジックで無濾過・無清澄です。見かけは「濁りワインか？」というくらいドロリとしています。飲むと果実味はたっぷりですが、バランスが悪く、とても酸っぱい。でも傷んでいるという感じではありません。こういう味のワインなんでしょう。

もうひとつはアルザスの白。ビオディナミックで無清澄ですが、こちらは軽く濾過してあります。白ワインなのにやや褐色がかっていて、ちょっと見たことのない色です。

そして味は白ワインというより、辛口のシェリーに近いです。これは残念ながら酸化しているなという感じですね。

この二本だけでビオワインについてどうこう言うつもりはありませんが、きっとこれは特殊なワインで、自然やエコに対して感受性が強く、ピュアなものを求める人だけにわかる味なのでしょう。

ちなみに、**フランスやイタリアのワインに「酸化防止剤」の表示がないのは、表示義務がないからです。つまり、それほど「入っているのが当たり前」なのです。**酸化防止剤無添加ワインの歴史はまだ浅く、発展途上なのですから、ギリシア・ローマ時代からの歴史があるワインのほうが、本流といえるのではないでしょうか。

酒は辛口に限る？ 勘違い！

日本酒は辛口に限るという人、多いですよね。

「大将、日本酒は何がある？」

「どんな酒がお好みですか？」
「やっぱり酒は辛口だね」
「それなら当店ではこちらがオススメです」
「じゃ、それにして」

こんな会話が日本全国、夜な夜な酒場で繰り広げられています。多くの人が辛口にこだわる理由はなんなのでしょうか。もしかしたら、「辛口の日本酒の方が甘口よりおいしい」と信じているからかもしれません。

「昔の酒はみんな甘かった」というのは、よく聞く話です。三増酒（さんぞうしゅ）全盛期は糖類が添加されていましたから、当然酒は甘かったでしょう。級別制度の頃は、まだ酒を飲む年齢ではなかったのですが、子供の頃お父さんがテーブルにこぼした日本酒が、水飴のようにベタベタしていて拭いてもなかなか取れなかった記憶があります。

そんな中、灘（なだ）にナショナルブランドが登場し、「剣菱（けんびし）」や「菊正宗（きくまさむね）」が全国に広まるとともに、灘酒の特徴である辛口が本格派であるようなイメージが定着していきました。

またその後起こった地酒ブームで、新潟の「越乃寒梅（こしのかんばい）」が幻の酒になるなど淡麗辛口がもてはやされ、ますます「酒は辛口」という流れになったのではないかと思います。

地酒は、産地によって味の傾向が異なります。新鮮な刺身をつまみに飲むような海沿いの酒はスッキリとした辛口、保存食や漬け物などで酒を飲んできた山間部の酒はコクのある甘口が多いといわれています。ただし、海でも穏やかな瀬戸内海に面した地域は別です。瀬戸内のママカリや小鰺（こあじ）などには、甘口の酒の方が合うからです。

また辛口好きの人ならご存じだと思いますが、辛口の酒を多く産出しているといわれる県がいくつかあります。まず「淡麗辛口」という言葉を世に広めた新潟。そして繊細な新潟の辛口に比べ、男らしく骨太な印象の高知。この二県が辛口県の代表格だとしたら、スッキリとしてスイスイ飲める富山、味のある辛口の鳥取が続きます。また、淡麗でアッサリとした北海道、洗練された味わいの宮城も辛口県です。

こうしてみると、**一言で辛口といっても、味わいにかなり違いがあることにお気づきでしょう。県単位の傾向だけでもこれだけ違うのですから、蔵ごとになるともっと個性が出てきます。**

また、辛口県以外の県がすべて甘口としてひとくくりにしていいかというと、そうでもありません。

たとえば今流行の甘酸っぱい酒はどうでしょう。若い蔵元たちがつくっている、日本酒女子に大人気の酒です。また、鑑評会で金賞をとった大吟醸のように、スッキリしていながら甘みや旨味を強く感じる酒もあります。ほかにもコクがあってこってりした酒や、ワインのような酸味の強い酒もあります。それぞれが個性を主張していて、もはや甘口と辛口の二択ではおさまりきれません。

辛口主義の人は、辛口という狭いカテゴリーの中だけで日本酒を飲んでいて、味わいの違いを楽しむという酒本来の面白さに気づいていないのではないでしょうか。これはとてももったいないことです。

「いや、自分は絶対に辛口が好きだから飲んでいるのだ。辛口以外求めてはいない」と言い張る人もいるでしょう。そんな辛口主義の日本酒通がこだわるのが日本酒度です。日本酒度は通常裏ラベルに書いてあり、一応、プラスにいくほど辛口、マイナスにいくほど甘口ということになっています。「一応」と言ったのは、この日本酒度がくせものだからです。

じつは**日本酒づくりの現場では、日本酒度が甘辛を表す指標とは考えられていません。**日本酒度はあくまでも比重で、水より重ければマイナス、軽ければプラスとなります。糖分は重いのでマイナス、アルコールは軽いのでプラスです。

問題は糖分の組成にあります。日本酒は純粋なアルコールではないので、どんなに日本酒度がプラスでもエキス分が残っており、その中には糖分も含まれます。その残糖の構成が、ブドウ糖を多く含んでいれば甘く、デキストリンなどの多糖類であれば、あまり甘みは感じません。

また、アミノ酸の中にも甘みを感じる成分がありますし、酸度が低くても甘く感じます。つまり日本酒度じたいが甘辛を正確に表していないうえに、アミノ酸度や酸度とのバランスでも甘辛の感じ方が違ってくるというわけです。

ですから「日本酒度プラス8の超辛口！」などという酒でも、甘く感じる酒はあります。それでも辛いとありがたがるのは、ラベルや日本酒度の数字を頭で変換して飲んでいるからです。

ちなみに、私は日本全国一〇〇軒以上の酒蔵を取材していますが、その中で「うちは甘口一筋です」と言い切っていた蔵は、たった二軒だけでした。ひとつは群馬、ひとつは岡山でしたが、その酒がおいしくないかというとそんなことはなく、どちらもほんわかしていて優しく、癒されるような酒でした。

そもそも醸造酒でワインほどの酸味がない日本酒は、甘い酒なのです。どうしても辛い酒が飲みたければ、焼酎を飲めばいいのではないでしょうか。

日本のビールは冷やしすぎ？　勘違い！

私の知人で数年前に会社を定年退職し、ゴルフとテニス三昧（ざんまい）の生活をしているオジサマがいます。彼曰く、「真夏に一日テニスをやって、びっしょり汗をかいた後、キンキンに冷えたスーパードライを飲むときが最高の瞬間だ」と。「飲むとね、喉にこう、グサーッとくるんだよね〜。あれがいいんだよ！」

あなたも同意見ではありませんか？　なにしろスーパードライはエクストラコールドといって、マイナス二度に冷やしたビールまで出していますからね。私の周りだけかもしれませんが、スーパードライ派はとくにキーンと冷えたビールが好きみたいです。

しかし、日本のビールは冷やしすぎだとよくいわれます。これは本当でしょうか。

私は残念ながら、日本の大手ビール会社が手本としているドイツには行ったことがありませんが、他のヨーロッパ諸国、アジア、アフリカ、南米、北米と旅をして体験したところによると、ビールが冷えていない地域は中国とアフリカだけでした。

アフリカは単純に冷蔵庫が貴重で、あまり普及していないからです。ビールじたいが高価なうえに、それが冷えているだなんて、もうとんでもなく特別な飲み物なのです。私は旅行者なのでよく高いビールを売りつけられましたが、地元の人はみんな手づくりのどぶろくのような地酒を飲んでいました。

中国は各地にご当地ビールがあって、町が変わるごとに違うビールが出てくるのです。たいていは薄味で軽く、苦みもあまりない水っぽいビールでしたが。そしてちゃんとしたお店でも、

「ピーチュウ、ピンダ（冷えたビール）！」

と言うと、

「ピンダ、メイヨー（冷えたのはない）！」

とつっけんどんに言い返されるのがオチでした。かと思うと、露天の屋台なのにちゃんと冷えたビールが出てくることもありましたので、どうやら冷やすか冷やさないかは店主の気分しだいだったようです。こうしてずっと中国の田舎ばかり歩き回っていたのですが、最後にたどり着いた大都会上海（シャンハイ）では、さすがにどこでもビールは冷えていました。

一方、イギリスのパブでは、世界的につくられている下面発酵のピルスナータイプより、上面発酵のエールビールが主流だったので、ほとんど冷えていませんでした。中でもギネスビールが日本で飲むよりやたら旨く感じたので、ギネスの醸造責任者が来日したとき、「日本のギネスと本国のギネスは中身が違うのか？」と質問しましたが、同じだと言っていました。これが本当なら違いは飲用温度だけなので、日本の方が冷えていたから味が違ったのかもしれません。エールタイプのビールにかぎっては、冷やしすぎない方が美味しいと思います。

そもそも「ビールは冷やして飲む」ことが常識となったのは、そんなに昔のことではないでしょう。

私はキリンビールの研究所で、古代エジプトの製法を再現したビールを飲んだことがありますが、黄色く濁（にご）った酸味のある酒で、アルコール度はなんと一〇％もありました。当時のビールは当然常温で飲まれていたでしょうし、一一～一二世紀にビールに使われ始めたホップは、常温で保存するビールの腐敗防止の役目もありました。

ところが数千年にわたりつくられていた上面発酵のビールにかわり、一五世紀にドイツで下面発酵のビールがつくられるようになると、上面発酵よりスッキリとして飲みやすい味わいがしだいに評判になっていきました。
ビールの酵母（こうぼ）は大きく二つに分けられます。ひとつは上面発酵酵母。比較的高温で発酵し、短期間で発酵を終えるのが特徴で、エール酵母ともいいます。もうひとつは下面発酵酵母。比較的低温で長期間発酵するのが特徴で、ラガー酵母ともいいます。

現在、私たちが最も親しんでいるビールは下面発酵の中でもピルスナーというタイプのビールです。これはチェコのピルゼンという町で、ドイツの醸造技師により一八四二年に誕生しました。ピルスナーはそれまでの褐色のビールとは違い、淡く透き通った黄金色で、クリアな味わいの画期的なビールでした。そのため世界を席巻（せっけん）する人気となったのです。

日本に関していうと、外国からビールが入ってきたのは、わずか四〇〇年前のことで、ビールづくりが始まったのは明治以降です。日本のビールの開祖とされているのは、アメリカ人のウィリアム・コープランドで、一八七〇年に彼が横浜につくったスプリング・バレー・ブルワリーは、現在のキリンビールに受け継がれています。

はじめ、日本のビールはイギリス風のエールタイプでしたが、ドイツ風のラガータイプが日本人の口に合ったため、しだいにどのビール会社もドイツ風を選択するようにな

りました。しかし、たいへん高価で富裕層でもめったに飲めず、ビールは大切な来客のためのおもてなし用というような位置づけでした。

では、一般の人がビールを飲むようになったのは、いつ頃のことでしょうか。それはビヤホールなるものができてからのようです。「ビヤホール」は和製英語で、この言葉をつくったのは、大日本麦酒株式会社の社長だった馬越恭平（まこしきょうへい）翁だという記録が残っています。

一八九九年八月四日の新聞広告によると、「恵比寿ビール Beer Hall 開店」とあり、その中には「常に新鮮なる樽ビールを氷室に貯蔵いたし置き」という一文があるのです。そうなると、ビールを冷やして提供したのは、このあたりからではないかと思われます。

このビヤホールというビールを飲ませる斬新な店は、たちまち大評判になり、売り切れ続出となったそうです。ビヤホール第一号店のあった場所は銀座八丁目の角でしたが、今も銀座七丁目の「ビヤホールライオン」が、その後継として営業しています。

このように**戦前のビールは、飲食店で冷やしてもらって飲むものでしたが、戦後冷蔵庫が普及すると、家庭でも冷やして飲むようになったわけです。**

ビールメーカーが推奨するビールの飲用温度はだいたい六～八度ですが、たまにビールのジョッキが凍っていて、霜がついているお店がありますよね。これだと霜でビールが薄まるし、冷えすぎてビールの味がわかりません。私ならそのちょっと過剰なおもてなしに引いてしまいますが、前出のオジサマなら、きっと大喜びで飲むでしょう。

冷やしすぎ？　けっこうじゃないですか。飲み方は人それぞれですし、だいたい**大手メーカーのつくるピルスナータイプのビールは、世界的にも冷やして飲むのが普通なのですから。**

日本酒を水で割るのは邪道？　勘違い！

日本酒のアルコール度数はだいたい一五〜一六％です。これは割り水をして調整した度数で、原酒になると一八〜二〇％くらいあります。昔は焼酎やウイスキーのようなアルコール度数の日本酒というのもあったのですが、法律が改正されてからは、清酒のアルコール度数は二二％未満と決まっています。

どうして二二％未満としたかというと、アル添をしない純米酒で、最高にアルコール発酵させた場合の度数が、だいたい二二％くらいだからなのです。これは世界でも類を見ない高アルコールの醸造酒で、ビールが五％前後、ワインが一四％前後という数字を見ても明らかです。かなり高度で洗練された醸造技術がないと、醸造酒でここまでのアルコール度数は出ませんから、そういう意味でも日本酒は世界に誇れる酒といえます。

ちなみに、私が世界で飲んできたプリミティブな酒などは、醸造技術が未熟なので、だいたい五～一〇％くらいでした。測定器を持って行ったわけではないので、あくまでも体感ですが。

今は日本酒ブームですが、日本酒が売れなかった時代、どうやって日本酒を売ろうかといろいろ考えた末、「ワインやビールに比べて高アルコールだから売れないんじゃないか」と考える人たちが、業界の中に出てきました。そして「低アルコール酒」という新しいジャンルが生まれたのです。

低アルコール酒は、五～八％くらいですが、割り水で薄めたのではなく、酵母（こうぼ）や仕込み方を変えて、アルコール度数を出さないように醸造した日本酒です。味は甘酸っぱいものが多く、シャンパンのように瓶内二次発酵させて、発泡しているものもあります。

生粋の日本酒ファンは「あんなもの酒じゃない」とお怒りになるかもしれませんが、

日本酒女子からはけっこう好評で、日本酒の飲み手の裾野を広げるのには、一定の役割を果たした酒だと思います。

これとはまた別に、味を調整しながら割り水をして、ワインと同じくらいの度数まで下げた酒も開発されました。なぜ基準がワインかというと、ワイン一本は飲めても、四合瓶一本あけるのはキツいという人が多いからです。たかがアルコール度数二％や三％の違いなのですが、人間の体は正直で、この壁は厚いのです。

日本酒をワイン程度まで薄めた低アルコール酒のテイスティング会に行ったことがあるのですが、飲みやすさを追求すると飲み応えがなくなり、正直もう一歩という感じでした。ただ、これまで飲んだアルコール一四％程度の酒で「これは素晴らしい！」と思った酒が二つあります。どちらも薄さや物足りなさを感じさせることなく、スイスイ飲めて、びっくりするほどおいしいのです。ですから、難しいのかもしれませんが、この分野は今後の研究しだいでは、まだまだ伸びしろがあるのではないかと思います。

日本酒の原酒をオンザロックにして飲むことを提唱している蔵もあります。青森のある蔵では、オンザロック用のグラスまで開発しました。洋酒のロックグラスよりふたまわりほど小さく、ぐい呑みより少し大きいくらいで、飲み口が少し開いています。そこへ氷をひとつコロンと入れて、冷やした原酒を注ぎます。そして、グラスの中の氷で少しずつアルコール度数が下がり、飲みやすくなっていくのを楽しみます。はじめから薄めた酒ではないので、自分の好みの度数で飲むことができ、焼酎やウイスキーのロックが好きな私などには、楽しめる飲み方です。

もうひとつは、燗ロックという方法です。これは新潟の蔵元さんから教えていただきました。細めの日本酒グラスに氷を三〜四個入れます。そこへ燗酒を注ぎます。すると二・五%くらい度数が下がります。ある一定の温度になったら、意外とそれ以上薄まりません。温度は冷たすぎず熱すぎず、常温より少し冷たいくらいです。これは飲みやすくてクイクイいけちゃいますが、普通に飲むより酔い覚めは楽だそうです。ただし、注ぎ足しは厳禁で、一度飲み干して氷を足し、また燗酒を注ぐというのが正しい飲み方だそうです。

日本酒のカクテルも、古くから日本人バーテンダーによって創作されています。日本酒にライムジュースを入れたサムライロックは定番ですし、日本酒とドライジン、そして、中にはオリーブの代わりに梅干しを使ったものもあるサケティーニもよく知られています。

ファンタスティック・レマンは、各種のカクテルコンクールで優勝歴のある上田和男氏のオリジナルで、一九八一年の世界カクテルフェスティバルで銀賞を受賞しているそうです。日本酒にブルーキュラソーを使ったきれいな青いカクテルで、バーテンダーなら知っていると思います。今度バーでたのんでみてはいかがでしょうか。

数年前には、日本酒カクテルを売りにしたSAKE HALL HIBIYA BARが銀座にオープンして話題になりました。海外では日本酒とともに日本酒カクテルも人気だそうで、それを逆輸入した形のお店です。SAKE HALLは「サケホール」ではなく、欧米人風に「サキホール」と発音します。イチオシは、日本酒をソニック（ソーダとトニックウォーター）で割ったサキニック。日本酒の風味がほんのり残るドライなカクテルで、おいしかったですよ。

よく考えれば、ビールやワインのカクテルもあるのですから、それよりアルコール度数の高い日本酒は、カクテルベースとしても可能性はあるでしょう。**水や氷だけでなく、いろいろなもので割ってみると、また新しく面白い日本酒の飲み方が広がるかもしれませんね。**

中国料理には紹興酒？

勘違い！


中国料理を食べるとき、あなたは何を飲みますか？　やはり紹興酒ですよね。

昔は紹興酒をたのむと氷砂糖がついてきて、それを入れて飲む人が多かったようですが、そうした習慣は私の父親世代くらいまでで、今では砂糖を入れる人を見ることはほとんどありません。

私は紹興酒と一緒にレモンスライスをたのんで、グラスに沈めて飲むのが好きです。甘い紹興酒がサッパリして、とても飲みやすくなりますが、高級な紹興酒の場合は味が崩れてしまうので、もったいない飲み方です。レモンスライスは、あくまでも安い紹興酒を飲むときに限ります。

何気なく「紹興酒」と書きましたが、紹興酒は浙江省の紹興という場所でつくられたお酒にしか使用できない名称です。「シャンパン」がシャンパーニュでつくられたお酒に限るのと同じです。

シャンパン風のワインを一般的にスパークリングワインと総称するように、紹興酒と同じようなお酒を中国では黄酒と呼んでいます。これを長期熟成させたお酒が老酒です。私は紹興へ紹興酒の工場を見に行ったことがあります。つくりかたは清酒と似ているようで違う点もいろいろありました。

まず原料に糯米を使うこと。そして日本酒は米を磨きますが、紹興酒の精米歩合は九〇％くらいです。麴の原料は玄麦（日本酒は白米）で、麴の種類も日本酒はバラ麴ですが、紹興酒は餅麴です。

紹興酒は日本酒と同じように冬場につくられますが、私が工場へ行ったときは秋口で、ちょうど麴をつくり始めていたところでした。男の人たちがなにやら足で踏み固めていたのですが、それが餅麴だったのです。餅麴は、挽き割りの小麦に水を混ぜ、長方形の木枠に入れて踏み固めたあと、麴室で約一ヶ月かけて製麴するのです。

麴に玄麦を使うのは、一六世紀に奈良の僧坊酒ができる前の日本酒と似ています。麴米に玄米を使うことを日本では「方白」といって、掛け米・麴米ともに精白したものを「諸白」といいます。ですから、諸白以前の日本酒は、紹興酒と似たような色や味だった可能性があります。

原料をあまり精白しないうえに方白なので、そのままではアミノ酸その他のエキス分が多く、味がクドくなるのですが、甕（かめ）で熟成させることで時間が酒を磨（みが）き、あの紹興酒の味になるのです。

私は紹興酒の甕の貯蔵庫で、甕にチューブを入れて濾過（ろか）している現場を見ました。案内してくれた人は残念そうに、「これはみんな日本への輸出用です。日本では澱（おり）があるとクレームが来るので、こうして入念に濾過するんです。本当は濾過しない方が美味しいのですが」と言っていました。

つまり、**日本に来る紹興酒は、よくいえば味がスッキリしていて、悪くいえば濾過で旨味が漉（こ）し取られているのです。実際、現地で飲んだ紹興酒は、日本では味わえないコッテリとした旨味がありました。**

紹興酒（黄酒（ホワンチユウ））は、日本人にもっとも馴染みのある中国酒なので、中国人はみんなこの酒を飲んでいると思われていますが、黄酒の主要産地は中国南部の沿岸部に偏っていて、内陸部ではほとんど飲まれていません。では、中国人が最も愛飲している酒は何かというと、それは白酒（パイチユウ）なのです。

白酒（パイチユウ）はアルコール度数五〇～六〇％の蒸留酒です。最も有名な白酒は、茅台酒（マオタイチユウ）ではないでしょうか。国賓をもてなす最高級の酒とされていて、日中国交正常化のとき、周恩（しゅうおん）

来(らい)と田中角栄もこの酒で盃を交わしています。

最近では茅台酒より五粮液(ウーリヤンイエ)の方が人気で、価格も上がっています。五粮液はひじょうに香りが高いのが特徴で、これは日本酒の大吟醸の香り成分と同じカプロン酸エチルが高濃度で入っているからです。一方、茅台酒は香りが穏やかで原料からくる高粱(コーリヤン)の味わいがあり、五粮液に比べて上品です。

白酒(バイチュウ)の主要産地は、四川(しせん)省や貴州(きしゅう)省といった内陸ですが、中国全土で飲まれています。私は四川省の成都(せいと)近郊の白酒工場に行ったことがありますが、いきなり「接待所」と書かれた部屋に通され、白酒を飲まされました。工場の人が次々にやってきて、「カンペイ！」と言って一気飲みし、盃を逆さまにして空であることをアピールするのです。「これが噂に聞く中国の乾杯攻撃か！」と身構えましたが、昼間でしたし工場の取材が目的だったので、ベロベロになるまで飲まされることはありませんでした。

よく「中国で乾杯攻撃にあって白酒が嫌いになった」という話を聞きますが、どんな白酒だったかも問題です。日本人ビジネスマンの多くは北京に行くと思いますが、北京には「二鍋頭(アルグオトウ)」という安い地酒があるのです。これを北京人は好んで飲むのですが、香りはないし、白酒(パイチュウ)独特の土臭さが強く、日本人の口には合いません。初めての白酒との出会いが二鍋頭だったとしたら、間違いなく白酒嫌いになるでしょう。

ところで、**白酒は紹興酒を蒸留した酒だと思っている人がいるかもしれませんが、原料も製法もまったく違う酒です。**

白酒は黄土で固めた大きな穴の中に、麹と原料の高粱やトウモロコシを入れて発酵させるという、固体発酵が大きな特徴です。私が行った白酒工場にも、体育館のような巨大な建物の中に長方形の穴が並び、土がかぶせてありました。その発酵臭は強烈で、これが汗やチーズにも喩えられる白酒独特の土臭さのもとなのです。

日本人はこの土臭さが苦手なのですが、この匂いこそ白酒の真骨頂。本場の四川料理や重慶の火鍋など、辛くて脂っこい料理には、辛くて強い白酒がピッタリです。紹興酒（黄酒）が合うのは、本来の主要産地である沿岸や南部の料理なのです。

しかし、**日本の中国料理は広東料理が多く、四川料理といっても日本人に合わせて甘く薄味ですから、残念ながら白酒に合う料理はなかなかありません。それで、日本では中国料理といえば紹興酒になるのですが、本格的な中国内陸の料理に出会ったら、ぜひ白酒を飲みたいものです。**

まずい酒とはどんな酒か？

「この酒まずいな〜」

なんて、けっこう軽く口にしていませんか？

「どうしてまずいんですか？」

と尋ねると、たいていこんな答えが返ってきます。

「酸っぱすぎる」「軽すぎる」「香りがない」などなど……。

ちょっと待ってください。それはあなたがそう感じるだけであって、他の人は違う感想を持つかもしれませんよ。

たとえば日本酒の場合、酸っぱすぎると感じた酒は、「ワインのような新感覚の味で面白いな」とか、軽すぎると感じた酒は、「水のようにすっきりしていて飲みやすい」とか、香りがないと感じた酒は、「大吟醸なのに香りがないから、食事にも合いそう」とか。

何が言いたいかというと、**「まずい」というのはあなたの口に合わないだけで、けっ**

してお酒に欠点があるからではないのです。それは欠点ではなくてお酒の個性です。

そもそもお酒はタバコと同じ嗜好品です。私は昔タバコを吸っていたからわかるのですが、喫煙者はたくさんの銘柄の中から自分の嗜好に合うタバコを選んで、毎日ほぼ同じ銘柄を吸っています。

ちなみに、私はハイライトを吸っていましたが、学生時代にスキー場へ行くと、セブンスターはあってもハイライトは売っていないのです。「スキーをする若者はハイライトなんか吸わない」というスキー場側の偏見なのでしょう。しかたなくセブンスターを吸うのですが、全然おいしくないのです。

嗜好品とはそんなものです。もちろんタバコもお酒も、人気のある銘柄と人気のない銘柄はあるでしょう。でも極論すれば、誰か一人でも「おいしい」と感じれば成り立つ世界なのです。けっして世の中の人全員が「おいしい」と感じる必要はないですし、それでは嗜好品といえません。

私はお酒の本を何冊も書いていますが、どんなお酒も「まずい」と書いたことはありません。自分の口に合わないと思っても、世界のどこかにおいしいと思って飲んでいる誰かがいるからこそ、その酒が存在するのです。ですから、口に合わない場合は「この酒はこういう個性をもった酒です」と書くわけです。もちろんおいしいと思ったら、素直に「ウマい！」と書きますが。

だいたい**お酒は人を酔わせ、楽しい気持ちにさせてくれるだけで、とんでもなく偉大な飲み物なのです**。しかも、どんなお酒も誰かが一生懸命つくったものです。まずいなんて言ったらお酒に失礼です。

いや、想像を絶する酒もありましたよ。たとえば、アパルトヘイトのほとぼりさめやらぬ南アフリカのタウンシップ（黒人居住区）で飲んだ酒。窓のない真っ暗な小屋で、真っ黒な人たちがバケツで何かを回し飲みしているのです。それがウンコンボウティという コサ族の地酒でした。

暗いのでよくわからないのですが、茶色く濁（にご）っていて泥水のようです。顔を近づけると馬糞のような匂いがします。飲むと味はほとんどありません。甘くも辛くも酸っぱくもないのです。これはさすがにおいしいとは思えませんでした。

ところがです。私はその後二ヶ月間、地酒を探し求めてアフリカを歩き回りました。その間ずっと、ウンコンボウティを工業的に商品化したチブクという地酒を飲み、チブクの原料であるソルガムやトウモロコシの主食を食べる日々を過ごしていました。そして明日アフリカを去るという最後の日に、ボツワナでチブクを飲んだとき。その穀物からくる甘みやコクに、えもいわれぬ旨味を感じ、日本に持ち帰りたいほど「ウマい！」と思ったのです。これには自分でも驚きました。

このように嗜好も変わることがあるのです。あなたもそうではありませんでしたか？　淡麗辛口の日本酒を冷やして飲むのが好きだったけれど、今は生酛や山廃の燗酒ばかりだとか。角ハイでウイスキーを覚えたけれど、今はスモーキーなシングルモルトをストレートで飲むのが好きだとか。

このように、今はまずいと思っているお酒でも、将来おいしいと思う日が来るかもしれないのです。これではますます目の前のお酒を「まずい」とは言えなくなりますね。

さらにいえば、お酒には賞味期限がないのです。食品は古くなったら腐りますが、お酒は腐りません。変質はしますが、それは「熟成」とも言い換えられ、一部の高級ワインや日本酒の古酒、泡盛のクースなどでは珍重されるくらいです。ウイスキーが熟成するのは樽の中だけですが、瓶の中でも少しずつ変質します。メーカー側はそれを嫌いますが、一部の飲み手の中には古いボトルをありがたがる人もいます。これも嗜好品ゆえの面白さでしょう。

では**「まずい酒」はないのかというと、ひとつだけあります。それは「悪くなった酒」です。**

ペルーの田舎町で、居酒屋の安ワインを飲んだときのことです。そのワインは瓶の口が少しひび割れていて、シンナーのような匂いがしていました。明らかに雑菌に汚染されていたのですが、当時の私はペルーのワインを飲むのは初めてだったので、「こんな味のワインなのかな?」と思って飲んでしまいました。その翌日、ひどい下痢と腹痛におそわれたことはいうまでもありません。

明らかに異臭がするとか、苦くて一口も飲めないとか、そういう酒は悪くなっているので飲んではいけません。製造過程で事故があったか、流通や保存が悪かったための変質で、これが本当の「まずい酒」です。

それ以外にまずい酒というものは、この世の中に存在しません。ですから、**お酒に向かって軽々しく「まずい」と言ってはいけませんよ。**

第二部

酒選びに役立つ基礎知識

お酒は醸造酒と蒸留酒に分けられる

そもそもお酒とはなんでしょう。それはエチルアルコールを含んだ飲料のことです。日本の酒税法では、アルコール一%未満の飲料は、すべてノンアルコール飲料と決まっています。最近はアルコール〇%のノンアルコールビールもありますが、それは最新技術のおかげであって、ノンアルコールビールとされていても、ある種の輸入ものやホッピーなどは、一%未満ですがアルコールが入っています。ですから、アルコールに弱い人が大量に飲むと酔っ払うことがあるので要注意です。

ご存じのように、お酒は醸造酒と蒸留酒に分けられます。日本の酒税法ではそれをさらに細かく独特の分け方をしています。たとえばベルギービールの裏ラベルには、たいてい「発泡酒」と書いてありますよね。「なんだ、ビールじゃないのかよ？」と不審に思うかもしれませんが、ベルギービールにはハーブやフルーツが入っていることが多く、それが酒税法の定める副原料（麦・米・コーン・こうりゃん・馬鈴薯（ばれいしょ）・スターチ・糖類・カラメル）の中にないので、ベルギーでは伝統的なビールであっても、日本では哀れにも発泡酒の烙印を押されてしまうというわけです。

こういう日本独特の決まりではなく、世界的な基準でお話をしましょう。

糖を酵母がアルコールと炭酸ガスに分解することを「アルコール発酵」といいますが、こうしてできたお酒を醸造酒といいます。お酒の種類でいうと、ビール、ワイン、日本酒、紹興酒（黄酒）などがここに入ります。

醸造酒は、人類が存在する以前からすでに地球上にあったと考えられます。自然界では糖が野生酵母の力を借りて、自然にアルコール発酵することはじゅうぶんあり得るからです。

私はアフリカで、ひじょうに発酵力が強く、一日で酒になるフルーツの酒を飲んだことがあります。その酒は、フルーツの名前をとって「マルーラ」といい、現地では「熟したマルーラを食べた動物が酔っ払うのを見て、人間が酒づくりを始めた」という伝説がまことしやかに語られていました。

一般的な醸造酒で、人類が最初に酒づくりを始めたのはワインだといわれていますが、私は人類最古の酒はミードではないかと思っています。ミードというのは蜂蜜のお酒です。蜂蜜は糖そのものなので、ブドウよりはるかに単純にアルコール発酵が起こるでしょう。もともとはヨーロッパの地酒でしたが、最近は北米やオーストラリア、少量ですが日本でもつくられています。原料の蜂蜜（ということはつまり、蜂蜜を採取した花の種類）によっても味わいの異なる面白いお酒です。

ミードについては、はっきりとした起源はわかっていませんが、ワインは保存食としてブドウを利用するうち、自然にアルコール発酵が起こって誕生したのではないかという説が有力です。最新の研究結果によると、ワインの誕生は紀元前六〇〇〇年の新石器時代で、その場所は南コーカサスのグルジア（現ジョージア）のあたりだったとされています。

一方、蒸留酒は、醸造酒を蒸留してできたお酒です。お酒の種類でいうと、ウイスキー、ブランデー、焼酎、白酒（パイチュウ）、スピリッツなどです。

蒸留の原理はこうです。水の沸点は一〇〇度ですが、エチルアルコールの沸点は七八・三二度なので、アルコールを含んだ液体を加熱すると、水より先にアルコールを多量に含んだ蒸気が発生します。これを冷却すると、初めの液体よりもアルコールの濃い液体が得られるというわけです。

蒸留に欠かせない蒸留機の起源ははっきりしませんが、中世の錬金術師たちによって洗練されて「アンビーク」（アランビック）という蒸留機が生まれ、八世紀頃、アラブからコルドバを経由してヨーロッパへ伝わりました。

その蒸溜液は、一三世紀にラテン語で「アクア・ヴィッテ」（生命の水）とよばれるようになり、やがてポーランドやロシアのウオッカ、フランス・イタリア・スペインのブランデー、スコットランドやアイルランドのウイスキー、北欧のアクアヴィットなどへ分化しました。

ところでシェリーは醸造酒と蒸留酒のどちらでしょうか。シェリーやポート、マディラは、酒精強化ワインといって、ワインに分類されています。

たとえばシェリーの場合、発酵中のワインにブランデーを一五〜一八％程度加えて発酵を止め、保存性を高めたワインです。アルコール度数は普通のワインよりやや高めになりますが、蒸留酒ほど強い酒ではないですし、もともとがワインなので、醸造酒の一種といえます。

醸造酒と蒸留酒の違いは、ひとつはアルコール度数です。醸造酒はだいたい二〇％以下、蒸留酒は二〇％以上です。もうひとつは味わいです。醸造酒には原料の香味が色濃く残っていますが、蒸留酒の成分は、水とアルコールと香り成分だけで、糖分やアミノ酸などは入っていません。蒸留酒なのに甘く感じたりするのは、ほとんどが香りのせいで、強い酒になるとアルコールじたいの甘さだったりもします。

私のように醸造酒も蒸留酒もなんでも大好物という人は意外と珍しくて、世間一般的には醸造酒派と蒸留酒派に分かれる気がします。女性の酒飲みに多い、ワインと日本酒は好きだけれどウイスキーは飲まないというパターン。一方、焼酎やウイスキーの水割りばかり好む男性もいます。あなたはどちらでしょうか？

それでは、次の章から個々のお酒についての基礎知識をおさらいしていきましょう。

NIHONSHU

日本酒

●原料は米と水

日本酒は、飯米でもつくることはできますが、主に使われるのは**酒造好適米**という酒づくりに適したお米です。日本酒のお米は、外側を削って使うので、食べるお米より粒が大きく、真ん中にデンプンのかたまりである**心白**のある酒造好適米を使うのです。

お米の外側はタンパク質や脂質などが多く、お酒の旨味にもなりますが、雑味にもなるので、削れば削るほどより雑味のないきれいな酒になるということは、第一部の「精米歩合が低いほどよい酒？」に記したとおりです。

主な酒造好適米は四つです。

まず、酒米の王者**山田錦**。主な生産地は兵庫県で、なかでも**特A地区**といわれる産地のものが最上とされています。特A地区で有名なのが吉川町（現三木市）や東条町（現加東市）などです。裏ラベルに産地まで書いてあるお酒もあるので、注意して見てみましょう。
山田錦(やまだにしき)はタンパク質が少なく、心白(しんぱく)があるので最も酒づくりがしやすく、味わいは繊細で女性的なお酒になります。全国新酒鑑評会に出品するような大吟醸は、ほとんど山田錦でつくられています。

熱狂的ファンが多いのが**雄町**(おまち)で、産地は岡山県です。なかでも旧軽部村の**赤磐雄町**(あかいわおまち)が最も高品質とされています。酒質はどっしりとしてコクがあり、山田錦が女性的だとしたら、雄町は男性的な味わいといえるでしょう。

そしてどのお酒にもよく使われているのが、**美山錦**(みやまにしき)と**五百万石**(ごひゃくまんごく)です。美山錦の産地は長野県で、まろやかでお米の旨味のある、口当たりのよいお酒になります。一方、五百万石の産地は新潟県で、きれいで淡麗なお酒になります。新潟の淡麗辛口を支えているお米です。

そのほか、広島県の**八反錦**(はったんにしき)、滋賀県の**玉栄**(たまざかえ)なども古くからある酒造好適米(しゅぞうこうてきまい)です。「夏子の酒」のモデルになった復刻米は**亀の尾**(かめのお)で、復刻した酒は**亀の翁**(かめのお)という新潟の酒ですが、もともとの産地は山形県です。

また、一九八〇年代以降、各県で独自の酒造好適米をつくり、他県との差別化を図ろうという動きが活発化しました。その中の一つが山形県の**出羽燦々**です。やわらかく、きれいな酒になるお米で、山形県全体の酒質向上に大きく貢献しています。出羽燦々を一〇〇%使い、**山形酵母**と**山形麹**で醸した精米歩合五五%以下の純米吟醸酒には、**DEWA33**という認定マークがついていますので、酒選びのとき参考にしてください。

収穫したらすぐに仕込まなければいけないブドウに比べ、穀物であるお米は長距離でも輸送が可能です。ですから、今でこそ地元の米や、自社田の米で日本酒をつくる蔵が増えていますが、一般的には全国の蔵元が、山田錦は兵庫から、雄町は岡山から取り寄せています。

移動が難しい日本酒の原料といえば、水です。「仕込み水」といわれ、日本酒を仕込むためにも、割り水をするためにも大量に使われる水。これは通常、酒蔵の敷地内にある井戸水である場合が多いですが、町なかにある蔵の場合は、まれに水道水を濾過して使っているところもあります。

日本の水は、ほとんどが軟水です。ヨーロッパの水のように硬い水はありませんが、中硬水の水はあり、仕込み水でいうと神戸にある**灘の宮水**がその代表格です。宮水の特色は、酒の害になる鉄分を含まず、酒づくりに必要な塩分と硬度を持ち、酵母の栄養となるリンやカリウムを多量に含んでいることです。一八四〇年に、灘の**櫻正宗**という蔵元が発見しました。

宮水は今でも灘酒に使われていて、灘の蔵元曰く、発酵力が強いので、とにかく短期間でアルコールになってしまうそうです。まるで酒づくりのために存在するかのような水で、醸造法が科学的に解明されていなかった江戸時代には、魔法の水のように思われたでしょう。

宮水で仕込むとスパッとキレのよい辛口の酒になります。ひじょうに男性的な酒で、そこから「灘の男酒」という言葉が生まれたのです。

反対に「伏見の女酒」という言葉もあります。これは、京都・伏見の軟水で仕込んだ、はんなりとした酒を表した言葉です。伏見も昔は「**伏水**」と書かれていたくらい名水のある場所なのですが、軟水は酵母の栄養となるミネラル分が少ないので、アルコール発酵が穏やかなのです。そのため美味しいのですが、お酒は比較的つくりにくい水でした。

明治時代にこの軟水に挑み、いかにして軟水でよい酒をつくるか研究した人がいます。広島県の三浦仙三郎という酒造家で、一八九八年に軟水による醸造法を完成させました。その方法は、麹を米の内部まで行き渡るように育てたり、低温でゆっくり発酵させるなど、今の吟醸造りの基礎となっています。

彼の偉いところはそれを秘密にするのではなく、逆に公開して広島杜氏を育てたことです。こうして広島の酒質は飛躍的に向上し、一九〇七年の全国清酒品評会（全国新酒鑑評会の前身）では、広島の酒が上位を占めることになりました。それ以来、灘・伏見と並んで、広島の西条が日本の三大銘醸地といわれるようになったのです。

広島の酒は少し甘みがあるのが特徴です。辛い酒より飲み疲れしないので、辛い酒を飲んで飽きてきた頃に飲むと、さらにまた飲み続けられるというようなお酒です。甘口が苦手な人でも、広島の酒の中では辛めの**千福**なら「美味しい」と言ってもらえると思います。

軟水に挑んで成功したもう一つの県は、静岡県です。静岡県はたいへん水のおいしい土地で、南アルプスや富士山の伏流水が仕込み水なのですが、酒づくりには難しい超軟水なのです。この水に合った酵母を開発したのが、県の工業技術センターの河村伝兵衛先生でした。

この酵母は一九八三年頃、試験醸造に成功し、**静岡酵母**と名付けられ、県内の酒蔵に広く行き渡りました。そして一九八六年の全国新酒鑑評会で、静岡県の二十一蔵から出品された酒のうち一七点が入賞し、そのうち一〇点が金賞を取るという快挙を成し遂げたのです。以後、無名だった静岡県は銘醸地の仲間入りを果たし、華やかな香りときれいでまるみのある吟醸酒は、**静岡吟醸**とよばれて高く評価されています。香りがよく飲みやすいので、とくに女性にすすめると喜ばれます。

米と水は日本中どこにでもありますが、酒づくりのためには特別な米が必要であり、飲んでおいしい軟水にも特別な醸造技術が必要なのです。

●一麴、二酛、三造り

表題の言葉をご存じでしょうか。日本酒の醸造の中で最も大切なのは麴、次が酒母、その次が造りだという意味です。

酒蔵を取材すると、「洗米などの原料処理が大事」とか「最後の火入れ方法を最も工夫している」などと、それぞれ言うことが違うのですが、一応「一麴、二酛、三造り」にしたがって話を進めたいと思います。

麴の役割は、米のデンプンを糖に変えることです。糖がないとアルコール発酵ができないからです。また、どんな麴をつくるかによって酒質が変わってくるので、麴づくりはたいへん重要です。

麴をつくるには、まず蒸した米に「種麴」と呼ばれる麴菌をパラパラと振りかけます。日本酒に使われる麴菌は**黄麴**といって、中国の麴菌であるクモノスカビとは別の種類です。酒づくりに麴を使う手法は中国から伝わったと考えられますが、黄麴は日本独自のもので、この麴がいつどのようにしてできたかは、よくわかっていません。

麴菌はカビの一種なので、暖かいところを好みます。そこで酒蔵の一角にある「麴室」というところで麴を育てます。麴室の中は三〇度くらいあるので、蔵人たちは上半身裸になって汗だくで作業します。でも酒づくりをするのは冬場なので、一歩麴室を出ると、冷蔵庫の中のような寒さなのです。この気温差は体にこたえます。

麴室の中の湿度はいろいろで、カメラのレンズが曇るような湿度の室もありますし、カラカラに乾燥している室もあります。これは蔵によっても違いますし、つくるお酒の種類によっても違います。だいたい大吟醸用の麴の場合は、湿度を低くしてつくります。

大吟醸用には、お米の表面ではなく、中心部に向かって麴菌の菌糸がしっかり入り込んでいる麴を使います。この状態を「突きハゼ」といい、スッキリときれいな酒をつくります。そのためには表面が乾燥していた方がよいのです。一方、表面も中も菌糸が伸びた状態を「総ハゼ」といい、旨味や味が乗ったお酒ができます。こちらは湿度が高めの室でつくります。

突きハゼか総ハゼかは、麹が出来上がれば一目でわかります。突きハゼはお米に白い斑点模様ができていますが、総ハゼは真っ白です。こうして米に麹菌が生えたものを**麹米**といいます。

麹米をつくるには、麹室で四八時間以上かかります。麹のつくり方はいろいろで、麹蓋という木箱を使う昔ながらの方法や、もう少し大きい箱麹という方法、製麹機でつくる方法などがあります。

大吟醸の場合は手づくりの麹を使うことが多いので、そうなると杜氏も蔵人も蔵に泊まり込みで、数時間ごとに麹を盛ったり広げたりして温度管理をし、二日間ほとんど寝られません。麹づくりは、それほど微妙で神経を使う仕事なのです。

次は**酛**ですね。これは**酒母**ともいって、文字通りお酒の元になるものです。いきなり大きなタンクでお酒を仕込むと、雑菌が繁殖して失敗する危険があるので、あらかじめ小さなタンクで優良な酵母を育てておく。これが酒母です。

酒母は、麹米と蒸し米と水に、酵母を加えてつくります。ここで優良な酵母だけを増やすにはどうしたらいいか。それは強力な酸性で殺菌することです。そのために使われるのが乳酸菌です。

そこで戦後普及したのが、単純に乳酸を投入する方法です。これを**速醸酛**（そくじょうもと）といいます。しかし、乳酸（乳酸菌）が売っていない江戸時代はどうしたかというと、自然界に存在する乳酸菌を取り込むために、米や麹米（こうじまい）を擂（す）りつぶして乳酸菌が発生しやすい環境をつくり、じっと待っていたのです。

この作業を**酛摺り**（もとすり）、または**山卸し**（やまおろし）といい、半切り桶（はんぎおけ）に蒸し米と麹米と水を入れて、櫂（かい）という道具で摺りつぶすのです。冬の寒い部屋で、いくつも半切り桶を並べ、一つの桶に二～三人がかりで一日三回摺るという重労働でした。こうしてつくった酒母を**生酛**（きもと）といいます。

酒蔵には蔵人たちが作業中に唄う酒屋唄（さけやうた）というものが代々伝わっていて、その中に「酛摺り唄（もとすりうた）」もあります。これは、時間を計るためと、全員のリズムを合わせるために唄われていたそうです。

私は生酛仕込みで有名な蔵へ行って、酛摺りの作業を見学したことがあります。このとき酛摺り唄が聞けるのではないかとワクワクしていたのですが、いつまでたっても若い蔵人たちはみんな無言です。たまらずそっと「あの〜、酛摺り唄は……？」と聞いたら、「え？　今どきそんなの唄える人はいないよ」と言われてガッカリしたことがあります。

　そうかと思えばまた別の蔵で、「酛摺り体験会」に参加したとき。三人一組で半切り桶の周りをぐるぐる回りながら櫂棒で酛摺りをするのですが、全員のリズムを合わせるためにＢＧＭとしてかかっていたのは、なんと松田聖子の「赤いスイートピー」でした。江戸時代とは隔世の感がありますね。

　明治時代になると、米をわざわざ摺りつぶさなくても、蒸し米を投入する前に麹を水に溶かした「水麹」をつくっておくことで、同じように乳酸菌が発生することがわかり、「酛摺り」つまり「山卸し」は廃止されました。山卸しを廃止したので、**山廃**というのです。

　生酛や山廃は自然に乳酸菌が発生するのを待つ時間が必要なので、できるまでひと月かかりますが、速醸酛は約二週間で出来上がります。お酒の味わいでいうと、生酛や山廃は味に幅と複雑味があるので、冷やでも美味しいですが、**燗上がり**する酒が多いです。

一方、速醸酛は透明感やきれいさを追求する酒に向いています。

ですから、生酛や山廃の大吟醸もありますが、つくっているのは全量生酛づくりの**大七**や、生酛に特別自信のある**菊正宗**など一部の蔵に限られていて、数は少ないです。しかし、速醸酛では出せない旨味は一献の価値があります。

ところで、酒母の中の乳酸菌はその後どうなってしまうのかと気になりませんでしたか？　まず最初に乳酸菌で、清酒づくりに適さない酵母は死んでしまいます。さらに酸性が強くなると、乳酸菌じたいも弱ってきます。そして酒母づくりの後半には、残った乳酸菌も生成したアルコールや高温によって死滅し、最終的に清酒酵母だけが純粋に培養されるのです。このように今は科学的に解明されていますが、江戸時代に酒母の製造方法が確立されていたのは驚くべきことですね。

最後は**造り**です。これは仕込み方法と言い換えてよいと思います。日本酒は一気に仕込まず、三回に分けて仕込みますが、これを**三段仕込み**といいます。一度に仕込むと酵母が薄まってしっかり発酵できず、よいお酒ができないからです。

仕込みはタンクに入れた酒母に、蒸し米と麹米と水を投入していきます。まず一日目に全量の約六分の一を仕込みます。これを「初添え」といいます。二日目は仕込みをせず酵母の増殖を促します。これを「踊り」といいます。三日目には全量の約六分の二を仕込みます。これを「仲添え」といいます。四日目に残りの約六分の三を仕込みます。これを「留添え」といいます。これが**三段仕込み**です。

三段仕込みを終えた後は、三週間から一ヶ月かけて低温で発酵させます。酵母がアルコールをつくる最適な温度は二五度前後ですが、日本酒の発酵温度は八～一八度くらいです。低温で発酵させるのは、雑味のないきれいな酒をつくるためです。

一般的に、普通酒や本醸造ですと、醪の最高温度は一五～一六度で、発酵は三週間程度ですが、これが大吟醸になると、醪の最高温度は一〇度以下で、一ヶ月以上かけて発酵させるのです。酵母を生きるか死ぬかのギリギリの低温に追い込んで、長期間発酵させることにより、あの大吟醸特有の芳香が生まれるというから不思議です。

この発酵期間中、タンクの中では米のデンプンを糖に変える「糖化」と、酵母が糖をアルコールに変える「アルコール発酵」が同時に起こっています。これを日本酒独特の「並行複発酵」といいます。

アルコール発酵が終了したら、お酒を搾ります。通常は蛇腹型の「ヤブタ」という機械で醪を圧縮して搾りますが、江戸時代からある方法ですと、槽と呼ばれる大きな箱に、醪を入れた袋を並べ、最初は醪の自重で、最後は上から押して搾ります。このとき最初に流れ出てきたお酒を**あらばしり**、中間のお酒を**中汲み**、押して搾って出てきたお酒を**責め**などといいます。あらばしりはフレッシュで荒々しく、中汲みは口当たりよく、責めは濃い酒になります。

大吟醸、とりわけ全国新酒鑑評会に出品するお酒などは、**袋吊り**といって、醪を入れた袋をタンクにつり下げ、ポタポタと垂れてきた雫を集めて斗瓶に入れます。もうこれなどは「搾る」というより「漉す」という感じですね。こういう酒は**雫酒**とか**出品酒**などという名前で市販されていて、たいへん高価です。

麹と酒母と仕込み。どれも重要な工程ですが、酒蔵によってポイントの置き方は様々です。麹ひとつとっても、**磯自慢**などは、本醸造酒にまで吟醸麹を使い、大吟醸では製麹に八〇時間もかけるというこだわりようです。だから**磯自慢**の酒は「本醸造なのに吟醸香がする」と言われるのですね。どこまでいっても正解がないのが酒づくりなのかもしれません。

●濁り酒とどぶろくの違い

あなたは白く濁った酒を、なんと呼んでいますか？　通常は「**濁り酒**」といいますよね。でも、あまりお酒に詳しくない人は、「**どぶろく**」といったりします。実際、どぶろくをもじったような名称の濁り酒もあったりして、混乱を助長させているような気がします。

じつは酒税法上、濁り酒とどぶろくはまったく違います。清酒の定義は「米、米こうじ及び水を原料として発酵させて、こしたもの」となっています。そう、漉さないと「清酒」とはいえないのです。ですから清酒とはすべからく澄んでいなくてはいけません。ではなぜ、濁り酒というものが存在するのでしょうか。

この疑問にはあとで答えるとして、では、どぶろくとはなんでしょう。漉してない酒、すなわち醪の状態のことです。醪なら、酒蔵の取材でたまに味見をさせてもらうことがあります。まだ米粒が残っている発酵途中のものもありますが、もうすぐ上槽（搾り）という醪になると、しっかりアルコールが出ていて香りもよく、アルコールの副産物である炭酸のシュワシュワ感もあって旨いです。

これはいわゆるプロがつくったどぶろくといってもいいでしょう。昔は各家庭でどぶろくがつくられていました。家庭で味噌をつくっていた時代ですから、酒だってつくっていても不思議ではありません。しかし、明治政府は酒税の取れないどぶろくを根絶しようと画策します。そして一八九九年（明治三二年）に自家醸造を全面的に禁止し、どぶろくを密造酒として取り締まりました。

私は宮城県の蔵の杜氏（とうじ）から、「どぶろく狩り」について行ったことがあるという話を聞いたことがありますし、北海道出身の同年代の友人から「うちのばあさんがどぶろくづくりの名人で、みんなうちに飲みに来ていたよ。でも商売にしていたわけではないから、誰も取り締まりに来なかった」という話も聞きました。ということは、あにはからんや、戦後もどぶろくは日本の片隅でしぶとく生き残っていたということになります。

私は世界各国で地酒を飲んできましたが、そのほとんどが「どぶろく」でした。南米アンデスには**チチャ**というトウモロコシのどぶろくがありましたし、ジンバブエや南アフリカには**チブク**という雑穀のどぶろくがありました。チチャはブクブク発酵していて酸っぱく、チブクは見かけも味も泥水みたいでした。中国少数民族の村を回ったときも、**米酒**（ミーチュウ）という白濁したカルピスのようなどぶろくに出会いました。みんな手づくりで、同じ酒でもつくり手によってずいぶん味が違ったのが印象的でした。

酒税法では自家醸造は禁止されていますが、どういうわけか、「どぶろくをつくろう」とか「シャンパン風ドブロク」とか、どぶろくのつくり方を書いた本が堂々と売られています。その著者たちの主張は、「ホビーとしてのどぶろくは、しょせん市販されている酒とは違うのだから、それほど酒税が脅かされることはないだろう。だから個人の酒づくりを解禁してほしい」というもののようです。

酒業界で最も権威のある坂口謹一郎先生が、五〇年前に書かれた『日本の酒』という本でも、「どぶろくは、たしか昭和のはじめまで税法にも規定されていたと記憶するし、明治末年（一九一二年）には全国でまだ二万石（三六〇〇kℓ）近くの濁酒が消費されていた。それが今日全く飲めないのは、まことに惜しい気がする」と言って、残念がっています。

そう、どぶろくは一時完全に絶滅したのです。それを「濁り酒」として復活させたのが、京都・伏見で三〇〇年以上続く酒蔵**月の桂**の先代でした。私は蔵を取材し、蔵元から直接話を聞いているので、間違いはありません。

「父は、じゅうぶんに発酵した醪を中ほどから汲み出し、目の粗いザルで漉すという奇策を編みだしたんです。だから白濁しているけれど、一応漉しているから法律違反ではありません、と。まあ、ある意味法律の隙を突いたわけですが」と、蔵元の増田徳兵衛さんが、そのからくりを教えてくれました。

しかし国税庁もだまってはいません。結局大モメにモメた末、酒税法に濁り酒の製法を新たに規定することで決着したそうです。こうして全国の蔵がどぶろく風の濁り酒をつくれるようになったのでした。

ただ、他社の濁り酒は、火入れをしているものが多いのですが、**月の桂**は火入れをしていません。酵母が生きていて、完全に生もの。開発当初はクール便などない時代だったので、売り先は京都市内のみで、冬だけの限定品でした。それでも生の濁り酒は、吹きこぼれたり瓶が割れたりするので、そのたびにお客さんに謝りに行っていたそうです。

ところで二〇〇二年に、規制緩和でどぶろく特区なるものができましたね。限られた飲食店や民宿などで、許可を取ればどぶろくがつくれるようになったのです。私はどぶろく特区に行ったことはないのですが、特区でどぶろくづくりを教えているという酒蔵は何軒か知っています。一旦途絶えたどぶろくづくりがそう簡単に復活できるわけはなく、やはりプロの指導が必要なのでしょう。

どぶろく特区へ行っても、農家のおばあちゃんがこたつの中で発酵させたあったかいどぶろくを出してくれる……などというシーンは、あまり期待しない方がよさそうです。

日本酒の選び方

冷酒は香りの高い大吟醸や吟醸酒を。用意できればワイングラスで飲むのもよいでしょう。燗酒にするなら酸の高い純米酒や、山廃（やまはい）・生酛（きもと）をおすすめします。熱いのが特別好みでなければ、「ぬる燗」とオーダーする方が失敗しません。

女性には、静岡の吟醸酒が飲みやすくて喜ばれます。お酒に弱ければ、低アルコールの甘酸っぱいお酒が各メーカーから出ています。

辛口派には、新潟か高知の酒が鉄板。甘口派には、広島や愛媛の酒を選びましょう。大手メーカーの酒の場合、灘（なだ）の酒は男性的で辛口、伏見の酒は女性的な中口です。

季節の酒としては、冬は新酒のしぼりたてや生のにごり、春は少しカドのとれた生酒や薄にごり、夏はスパークリングタイプや低アルコール酒、秋はまろやかなひやおろしがおすすめです。

一目おかれる日本酒のキホン

- □アル添を悪者扱いしない
- □家飲みはレンジでお燗。ものによっては吟醸酒もＯＫ
- □精米歩合で酒の優劣を決めない
- □辛口ばかりが酒じゃない
- □季節に合った酒を、四季を通じて楽しむ
- □主な酒造好適米は**山田錦**、**雄町**、**美山錦**、**五百万石**
- □吟醸麹は突きハゼ、吟醸仕込みは長期低温発酵
- □生酛と山廃は伝統的な酒母のつくり方
- □濁り酒はどぶろくと違う

BEER

ビール

●原料は麦芽とホップ、酵母と水

ビールは麦とホップを原料とした醸造酒です。麦の種類は、ほとんどが大麦ですが、ビールによっては小麦やライ麦なども使われます。でも、麦の主成分はデンプンですよね。糖がないとアルコール発酵は起こりませんから、なんとかしてデンプンを糖に変えてやる必要があります。

日本酒の場合、ここで麹を使うわけですが、ビールは違います。麦が発芽することでできる糖化酵素を使うのです。

まず、麦に水を与えて芽を出させるのですが、そのままですとモヤシのようになってしまうので、発芽を止めるために温風で乾燥させます。それも酵素を壊さないように、低温からゆっくりと温度を上げていくのです。これを麦芽またはモルトといいます。

温風で乾燥させた麦芽を焙燥モルトといい、温風の温度が低ければ白っぽい色に、高ければ褐色になります。白っぽいモルトは淡色ビールになり、褐色のモルトはビールに赤みを帯びた色をつけます。

あらかじめ焙燥（ばいそう）してからロースターで焦がした麦芽（ばくが）もあり、これを焙焦（ばいしょう）モルトといいます。これも焦がす温度によって、茶色から真っ黒まであり、濃色ビールや黒ビールの原料に使用されます。

麦芽はビールの主原料で、焙燥や焙焦によって色の濃さが変わり、それがビールの色や味わいを決めているのです。ちなみに低温（八五度）で焙燥した淡色モルトを**ピルスナーモルト**といい、発酵力が強いので、どのようなビールにも一定量使われるベースモルトとなっています。

もうひとつのだいじな原料はホップです。ホップはアサ科の蔓（つる）植物で、一年で八〜九メートルほどに成長し、夏に収穫されます。収穫するのは毬花（まりはな）と呼ばれる花のような形をした房の部分です。ビールに使われるのはその雌株（めかぶ）の房の中にあるルプリンという黄色い粉です。この粉が、ビールに苦みと香りを与えるのです。また、泡持ちをよくしたり、雑菌を抑えてビールの腐敗を防いだりもしてくれます。

ホップは粉のままですと扱いにくいので、圧縮してペレットという形で使用されるのが一般的です。ビールによっては、生の毬花（まりはな）（フレッシュホップ）や、乾燥させた毬花（ホールホップ）を使う場合もあります。

ホップは日本でも栽培されていますが、ドイツの**ハラタウ地方**とチェコの**ザーツ地方**が名産地とされ、アメリカやオーストラリアなどでも栽培されています。あなたもどこかで**ザーツホップ**や**ハラタウホップ**などという名前を、聞いたことがあるのではないでしょうか。

ホップには大きく分けて三つあります。

香りも苦みも穏やかなファインアロマホップには、**ザーツ**や**テトナング**があり、バランスのよいビールになるので高級なホップとされています。

香りの強いアロマホップには、**カスケード**、**ペルレ**、**ケントゴールディング**などがあり、柑橘（かんきつ）系の香りやスパイシーな香りをビールに与えます。

苦みの強いビターホップには、**マグナム**、**ナゲット**、**ヘラクレス**などがあり、苦みがある深い香りのビールになります。

麦芽（ばくが）とホップがビールのお父さんだとしたら、酵母（こうぼ）と水はお母さんといえるでしょう。

ビール酵母には二種類あります。上面発酵酵母（エール酵母）と下面発酵酵母（ラガー酵母）です。

上面発酵酵母は発酵温度が一六～二四度と高く、発酵が終わりに近づくと発酵液の表面に浮かび上がります。発酵期間は三～六日と短く、出来上がったビールは華やかな甘い香りや奥深い味わいが特徴です。

下面発酵酵母は発酵温度が四～一〇度と低く、発酵が終わりに近づくと酵母が下に沈みます。発酵期間は六～一〇日と長く、出来上がったビールは爽快でスッキリとした味わいに仕上がります。

日本の大手ビールメーカーの主力ビールはすべて下面発酵、つまり**ラガービール**の**ピルスナー**という種類のビールです。一方、クラフトビールをつくっているマイクロブルワリーのビールは、**エールビール**が多いのです。これは、エールビールの方が高温で発酵するので冷蔵設備が少なくてすみ、発酵期間が短いので早く製品にできるという利点があるからではないかと思われます。

さて、最後に水です。ビールのアルコール度数は五％前後ですから、九五％は水分ということになりますね。ですから水はとても重要です。

ビールづくりに理想的なpHは五・二〜五・四の弱酸性とされています。このとき酵素が最もよく働くからです。しかし、ビール製造時に麦芽からリン酸塩などが放出されるため、中性の水でつくると、ちょうどよい弱酸性になるのです。弱酸性にならない場合は、pH調整をすることになります。

また、水には**軟水**と**硬水**がありますが、これもビールのキャラクターを決める要素です。硬水はビールの色や味わいを濃くするので、**ダークラガー**や**ペールエール**などに適しています。一方、軟水はビールの色を淡く、味わいをシャープにするため、**ピルスナー**や**ライトラガー**などに適しています。

そう、日本の軟水はピルスナーに適しているのです。大手ビールメーカーのビールが、世界的にみても高品質なのは、日本のおいしい水のおかげもあるのかもしれませんね。

ビール好きは、だいたいモルト派とホップ派に分かれます。モルト派は、麦由来のコクや旨味を重視し、ホップ派は、香りや苦みにビールらしさを求めます。日本の大手メーカーのビールを強引に分類すると、**一番搾り**はモルト派、**プレミアムモルツ**はホップ派、そして**スーパードライ**はどちらでもないということになるでしょうか。私はホップ派なのですが、あなたはどちらですか？

●ポイントは、温度と時間

私は三回ほどビールをつくったことがあります。もちろん合法的にですよ。

一回目は**ホッピー**の工場を取材したとき、試作用の釜を使い、ビールをつくらせてもらいました。ホッピーのレシピは企業秘密なので、かわりに**ホッピービバレッジ社**がつくっている地ビールをお手本にしたビールを、特別につくらせてもらったのです。

二回目は**常陸野ネストビール**（ひたちの）をつくりました。**常陸野ネストビール**は、コンテストで数々の賞を受賞し、海外でも人気のビールです。クラフトビールの中では最も海外に輸出されているビールではないでしょうか。

自ビールづくりは、まずネストビールを試飲し、気に入ったビールに「もうちょっとホップを効かせて」とか「濃い色のビールで香ばしい感じに」など注文をつけて自分だけのレシピをつくってもらい、小さな釜でビールをつくるのです。私は取材だったので一人でしたが、他の人たちはグループで来てワイワイ楽しそうにビールをつくっていました。

三回目は**キリンビール**の「ビールづくり体験教室」をお借りして、イベントを開催したときです。このときは二チームに分かれ、四〜五種類のビールの中からレシピを選び、みんなで協力してつくりました。私のチームが選んだのは、**横浜ビアザケビール**という名前がついていて、「ホップの苦みがきいた明治時代を彷彿とさせるビール」ということでした。

「おや、**一番搾り**や**ハートランド**はつくれないのか？」という素朴すぎる疑問は当然却下です。体験教室で使う酵母はどこでも手に入るものを使っていて、自社酵母、それも主力商品の「一番搾り」酵母なんて、門外不出なのです。

三回のうち、最も本格的だったのは**キリンビール**のビールづくりでした。なにせタイムスケジュールがビシッと決まっていて、一分ごとに一度ずつ温度を上げて何度にするとか、ホップ投入のタイミングは何分後とか、とにかく細かい。ビール教室の先生は、

「ビールづくりはまず量を正確に計ること。そして最もだいじなのは温度と時間です」

と言っていました。

それでは、私が体験したビールづくりを説明していきましょう。

まず麦芽を粉砕機で細かく砕きます。粉砕といっても、粉々にしないで粗挽きにするのがポイントです。なぜかというと、麦汁を漉すときに、粗挽きした麦芽が自然のフィ

ルターになってくれるからです。

次は、お湯に粗挽きした麦芽を加えて酵素の働きやすい温度に保ちながら攪拌します。温度はだいたい五〇～七〇度くらいです。**ネストビール**ではずっと五〇度に保っていただけでしたが、キリンビールの時は二つの釜を使ってひとつは六五度に保ち、もうひとつは一分に一度ずつ温度を上げていき、九五度にしたあと、二つを合体させて麦汁をつくるという方法でした。

前者はインフュージョン法といって、酵素の働きが低下しにくいので残糖が少なく、スッキリしたキレのある味わいになります。後者はデコクション法といって、温度を上げた方の醪は、煮沸により酵素の働きが低下して糖が残りやすいので、コクのある仕上がりになります。糖化の温度と時間は、ビールの味わいを大きく左右するので、ここはとても神経を使うところです。

こうしてできた麦汁は、トロリとしてやさしい甘みのある液体になります。デンプンが糖に変わったからです。麦汁にデンプンが残っていないかどうかは、ヨウ素液をたらして確認します。ヨウ素液はデンプンに反応して青色に変色するので、変色しなかったらＯＫです。ちょっと小学校の理科の実験を思い出しますね。その後は温度を七七度くらいまで上げて酵素の働きを止めます。

麦汁が出来上がったら、静かに麦汁を循環させ、糖化槽の下部に麦芽の層をつくります。しばらくすると麦芽の層がフィルターの役目をして、麦汁が澄んできます。そうしたら底から麦汁を抜き、煮沸釜へと移します。

ちなみに、漉し始めた時に出てきた麦汁を一番麦汁といい、上からお湯のシャワーをかけて麦芽層に残ったエキスまでしっかり取った麦汁を二番麦汁といいます。飲み比べると、たしかに一番麦汁の方が甘くて美味しいのです。**一番搾り**はこの一番麦汁だけを使ったビールということになります。

次は煮沸です。ここは一時間から一時間半くらいかけてひたすら沸騰させます。これは殺菌のためと、ここでホップを投入して香りや苦みをつけるためです。一般的に、ホップは二回か三回に分けて投入します。長く煮込めば苦みが出るので、苦みをつけたい場合は早く投入します。逆に香り付けのためには後半に投入します。

どのタイミングでどのホップを入れるかは、ビールの香味に大きく関わってきます。**ネストビール**のときは、最初の方でペレットを入れ、最後の方で香り付けに乾燥したホールホップを入れさせてもらいました。

煮沸が完了したら、ワールプールタンクという円筒型の槽に勢いよく流し込み、遠心力でホップ粕などを凝固させた後、酵母が働きやすい温度まで冷却します。工場では雑菌に汚染されないよう熱交換器などで一気に冷却しますが、手づくりの場合は貯蔵容器に詰めて氷水などで冷やします。そして液体状の酵母を入れ、仕込み完了です。だいたい全工程四〜五時間でした。

発酵期間は酵母によって違い、上面発酵酵母なら三〜六日、下面発酵酵母なら六〜一〇日ということは前に説明したとおりです。発酵後はすでにアルコールになっているのでビールではあるのですが、まだ荒々しいのでこの段階では「若ビール」とよばれています。ビール工場を見学したことがある人なら、飲ませてもらったかもしれませんね。若ビールはまだ香味も炭酸ガスも、物足りない感じです。

若ビールの底に沈んだ酵母は取り除かれますが、まだ少し浮遊している酵母があり、ゆるやかに二次発酵が行われ、二酸化炭素がビールに溶け込みます。これを後発酵といって、**エールビール**は一ヶ月以上、**ラガービール**は二〜三ヶ月熟成させるのが普通です。この熟成によって、ビールは味がまとまり、炭酸ガスもじゅうぶんビールに溶け込むのです。

さて、自分で仕込んだビールはその後どうなったかというと、工場で発酵と熟成が終わった後、瓶詰めされて自宅に送られてきました。**ホッピー**と**ネストビール**は無濾過で、**キリンビール**は濾過されていたと思います。それぞれ材料もつくり方も違ったので、味は三つとも違ったのですが、やはり自分でつくったと思うと美味しさもひとしおですね。三回とも美味しくいただきました。

今では各地に「自ビール」をつくらせてくれるブルワリーがあるようですので、ぜひ一度体験されることをおすすめします。工程はシンプルですが、緻密な温度管理が必要なビールづくりの難しさが、肌で感じられますよ。

●地ビールとクラフトビール

私にとって地ビールは、感慨深いお酒です。私が「酔っぱライター」として独立したのが一九九五年で、「地ビール元年」といわれた年だったからです。地ビール第一号は、新潟の**エチゴビール**。それから地ビールは全国に広まっていきました。

私の初めての雑誌の仕事は、この地ビールを求めて全国を飲み歩く旅でした。とにかく初めて飲む地ビール。今ではすっかり地ビールの定番として定着した感のある**ヴァイ**

ツェンなど、「これがビールか⁉」と驚きました。なにしろバナナのような香りがあり、甘酸っぱく、黄色く濁（にご）っているのですからね。

ほかにも、**ポーター**や**ケルシュ**、**アルト**など、これまで聞いたこともないビールをたくさん飲みました。

全国の地ビールを飲んではみたものの、いまひとつどれが本当に美味しいのかわからなかったので、ビアテイスターの資格を取ったのもこの頃です。勉強すると、謎のビールだった**ヴァイツェン**も、原料に小麦を使っていることや、特別なヴァイツェン酵母（こうぼ）というものであの味が出るのだとわかりました。

そもそも地ビールの誕生とは、それまで二〇〇〇キロリットル以上つくらなければいけなかったビールの免許が、六〇キロリットルまで引き下げられたことに端を発します。当時の細川政権が掲げた規制緩和の目玉政策でもありました。

この法改正があって、これまで大手四社に独占されていたビール事業に、広く門戸が開かれたのです。当時の地ビールメーカーは、全体の四分の一が地方の清酒メーカーで、あとはホテル・レジャーなどの観光産業、食品や外食産業など、酒づくりに関してはまったくの素人が、少々の土地とお金があればどんどん参入していったようです。そう、まさに地ビールバブルです。

いろいろ調べたのですが、誰が「地ビール」と名付けたかは、とうとうわかりませんでした。しかし、このネーミングにより、「地域おこし」とか「その土地でしか飲めない」というイメージがつきました。多くの地ビールで、工場とレストランが一体となっているのはそのためでもあります。また、瓶詰めしたものは、観光地でお土産として売られるのが一般的でした。

ところが、地ビールレストランを持たないで、缶ビールや瓶ビールをつくる工場だけの地ビールメーカーもありました。**よなよなエール**は、はじめからすべて缶ビールですし、「日本第五番目のビールメーカーになる」と一時拡大路線を進めた**銀河高原ビール**も今では缶が主流です。そして全国のコンビニにまで流通する**コエドビール**や、国内だけでなく海外への輸出でも大成功している**常陸野（ひたちの）ネストビール**もそうです。これらの地ビールはどう見ても「観光地のお土産ビール」ではありません。

ここでちょっと数字をあげると、全国の地ビール醸造所数は、二〇〇〇年度の三〇五場でピークを迎え、二〇一三年度の二一一場で底を打ちます。一三年で約三分の一近くが淘汰されたことになります。これには地ビールレストランの地の利の悪さなどいくつか理由はあると思いますが、一番の理由は「味」ではないでしょうか。おいしいラーメン屋がたとえ山奥にあっても行列ができるように、おいしい一杯のビールのためなら、多少の不便や価格の高さには目をつぶるのが酒飲みというものです。

そして、この「おいしい地ビール」を、いつしか「クラフトビール」と呼ぶようになりました。それは国内や海外でのコンテストに入賞するなど、地ビールメーカーが研鑽（けんさん）を積んだたまものであり、彼らを支えてきた地ビールファンの熱心な応援によるものだと思います。

これは数字にもあらわれていて、二〇一三年に底を打った醸造所数は、その後増加に転じ、二〇一六年には二五六場にまで増えているのです。しかも、かつての地ビールバブルのように、お酒の素人による、儲けを当て込んでの参入ではありません。おいしいビールをつくりたいという情熱を持った若い醸造家が、今のクラフトビールブームの中心になっています。

クラフトビールというと、マイクロブルワリーという言葉がセットになっていて、小さい醸造所が手づくりをしたビールと解釈されます。しかし、日本においては、大手のビールメーカーが大量生産している**ピルスナー**タイプのビール以外を指す言葉になっています。

実際、大手ビールメーカーは昨年から徐々にクラフトビール市場に参入してきていま す。**キリンビール**などは、独自のマイクロブルワリーとビアレストランを、代官山にオープンさせました。また、他社も続々とクラフトビールの銘柄を投入しています。

クラフトビールには様々な種類があるのが特徴です。上面発酵では、アメリカ発祥の**アメリカンペールエール**、ドイツ発祥の**ケルシュ**や**アルト**、ベルギー発祥の**ベルジャンホワイト**、イギリス発祥の**イングリッシュペールエール**などが代表的です。また、下面発酵では、ドイツ発祥の**デュンケル**、アメリカ発祥の**アメリカンラガー**などがあります。その他自然発酵の**ランビック**や、ハイブリッドの**フルーツビール**などもあります。

それぞれ甘酸っぱかったり、苦かったり、柑橘（かんきつ）系の香りがしたりと、味わいに特徴があるので、グビグビ飲まずにじっくり味わって飲んでほしいビールです。そして、できればあまり冷たくしすぎない方が、味や香りが鮮明になるのでオススメです。上級者になると、ワインのように料理とのマリアージュも楽しめるようになります。

今では、猫も杓子（しゃくし）も参入した地ビールブームから二〇年以上経って、やっと本物だけが生き残った感があります。ですから、今クラフトビールとよばれているものについては、あまりハズレはありません。安心して飲んで、多様なビールの世界を楽しんでいただきたいと思います。

●ビールにはスタイル、つまり「型」がある

日本の大手ビールメーカーの主力ビールは、**ピルスナー**というひとつのスタイルだということは、もうおわかりですね。でもクラフトビールになると、いろいろなビールがあります。これは、世界のビールにはピルスナー以外にも、たくさんの種類があるということなのです。ビールの専門家によると、細かく分ければビールのスタイルは一四五種類にもなるそうです。

そんなに覚えきれない、と思ったあなた。いえ、覚えなくてもいいのです。世界に出かけて行ってその土地のビールを飲んだり、また、日本のどこかでクラフトビールを飲んだりするだけなら、十数種類頭に入れておけばじゅうぶんでしょう。

ビールには**上面発酵**（エール）と**下面発酵**（ラガー）があることは前にも書きました。歴史的には上面発酵の方が古く、下面発酵は一五世紀にできた新しい醸造法です。味は上面発酵が華やかな香りで奥深い味、下面発酵が爽やかでスッキリ系……ということを

おさえつつ、ビール発祥の地、ドイツとイギリスとベルギーに分けて、ざっくりとビールのスタイルを整理していきましょう。

まずドイツから。ドイツはビール純粋令を守っていますから、副原料は使わず、すべて麦芽(ばくが)一〇〇%です。

ジャーマンピルスナーはドイツでもっともポピュラーなスタイルですが、とくに北部で好んで飲まれています。チェコのピルゼンで生まれた**ピルスナー**(ボヘミアンピルスナー)がドイツに入ってきて独自の進化をとげました。日本の大手ビールメーカーがお手本にしているビールでもあり、下面発酵ビールの王者ともいえます。色は透明感のある黄金色で泡は純白。ホップの苦みもしっかりあります。また、日本の麦芽一〇〇%ビールより、スッキリとキレがよいのも特徴です。

北西部には上面発酵の**ケルシュ**と**アルト**があります。どちらも上面発酵でありながら、低温で熟成します。そのため上面発酵のフルーティーさと低温熟成のシャープさを併せ持っているのです。ケルシュが淡色ビールで、アルトが濃色ビールになります。

南ドイツには、上面発酵で小麦麦芽を五〇%以上使用してつくる**ヴァイツェン**があります。色は白っぽい黄色で、とてもフルーティー。バナナやクローブのような香りが特徴です。

ミュンヘンには、代表的な三つの下面発酵ビールがあります。淡色は**ヘレス**、濃色は**デュンケル**、黒色は**シュヴァルツ**といいます。**ヘレス**はピルスナーに比べて苦みが少なく柔らかな味わい、**デュンケル**はカラメルやチョコレートを思わせる甘みがあり、**シュヴァルツ**は、後述する上面発酵の黒ビールより、スッキリしたシャープさが特徴です。

同じ下面発酵の**ボック**は、アルコール度数が六％以上のハイアルコールビールで、アルコール度数六・六〜八％の**ドッペルボック**や、ドッペルボックを凍らせてさらにアルコール度数を六・八〜一四・三％まで高めた**アイスボック**というものまであります。

とにかくボックと聞いたらアルコール度数が高いので、注意して飲まなければいけません。色は濃い茶色から淡色まであり、重厚なモルトの旨味とアルコール感が特徴のビールです。

次はイギリスです。イギリスのビールはすべて上面発酵です。

代表的なビールは**ペールエール**。赤みを帯びたブロンズ色ですが、これでも**ピルスナ**

ーが登場する前は薄い色（ペール）だったのです。ほどほどの苦みと、上面発酵らしいフルーティーさのバランスが心地よいビールです。

ペールエールから派生した**インディアペールエール**（ＩＰＡ）というスタイルがありますが、これは植民地のインドにビールを運ぶため、防腐効果の高いホップをたくさん入れ、アルコール度数を高めにしたビールだといわれています。ですから**ＩＰＡ**はホップの苦みと高めのアルコール度数が特徴です。ホップ好きが飛びつくガツンとくるビールです。

ブラウンエールは、茶色いエールビールで、ペールエールより苦みが少なく、モルトの甘みが特徴です。モルト好きはペールエールより、こちらを支持するのではないでしょうか。

ポーターは濃い茶色から黒色のビールで、もともとは一八世紀初頭、新鮮な褐色エールと古くなって酸味が出た褐色エールに、中濃色のペールエールを混ぜたブレンドビールでした。これをポーター（荷運び人）が好んで飲んだのでポーターと呼ばれるようになったのです。もちろん今ではブレンドせずにつくられています。ローストした焙焦（ばいしょう）麦芽（ばくが）による香ばしさと苦みが特徴です。

このポーターがアイルランドで進化したのが**スタウト**です。**ギネスビール**の創始者が麦芽（ばくが）にかけられていた税金を逃れるため、大麦を麦芽化せずにローストして加えたのが始まりです。これがブラックコーヒーのような味だと大ブレイクし、世界中に広まったのです。

最後はベルギーですね。

代表的なビールは上面発酵の**ベルジャンホワイトエール**です。大麦麦芽とともに、麦芽化していない小麦を原料にしてつくられます。そのため、小麦のタンパク質で白濁していて、名前の通りまさにホワイトです。また、ホップのほかにオレンジピールやコリアンダーなどのハーブやスパイスを入れているので、スパイシーな香味が特徴です。ビール好きなら一度は飲んだことがあるのではないでしょうか。

そして最も古典的な製法でつくられ、ビールの原型ともいわれるのが**ランビック**です。これは下面発酵酵母（こうぼ）でも上面発酵酵母でもなく、野生酵母、つまり自然界に浮遊する酵母でつくるのです。

つくり方は、麦汁（ばくじゅう）を煮沸（しゃふつ）後、浅いプールのような冷却槽に入れ、一晩かけて自然に冷却する間に野生酵母を取り込みます。その後、木樽に入れて一〜三年間、自然発酵と熟成を促します。ホップも使うのですが、苦み成分を揮発させた古いホップを使うので、苦みは弱く、とても酸味の強いビールになります。二次発酵の段階でチェリーやフランボワーズなどのベリー類を漬け込んだものもあり、こちらの方が飲みやすいかもしれません。とても個性の強いビールですが、私は好きです。

以上がビールの伝統国だとしたら、新興国にアメリカがあります。発端は一九六〇年代半ば以降、西海岸を中心に広がったクラフトビールのムーブメントです。アメリカのクラフトビールの特徴は、軸足をヨーロッパの伝統的なビアスタイルに置きながら、独自の発想で新たなビールを生み出している点です。

たとえばIPAでも柑橘系の華やかな香りがするホップを使ったり、苦みをしっかり効かせたりと、その独創的な味わいは、世界のクラフトビール界に刺激と影響を与え続けています。日本のクラフトビールも例外ではなく、大なり小なりアメリカのクラフトビールの影響を受けています。アメリカのクラフトビールを飲む機会があったら、伝統的なスタイルとの違いを味わってみていただきたいと思います。

ビールの選び方

冷スッキリしたビールが好きなら下面発酵（ラガー）ビールがおすすめ。定番はドイツやチェコのピルスナー。ピルスナーよりやや柔らかい味のヘレスや、濃色タイプのデュンケル、黒ビールのシュヴァルツもスッキリしています。アルコール度数高めのボックはスッキリしていながら飲み応えがありますので、酒好きな人におすすめです。

香りが華やかでフルーティーなビールが好きなら上面発酵（エール）ビールを選びましょう。女性に人気なのがバナナやクローブの香りがするヴァイツェン。上面発酵でも重たいのが嫌いなら、淡色のケルトや濃色のアルトがおすすめです。黒ビールが好きならポーターやスタウト。ラガーの黒ビールよりコクがあります。

ホップ好きならインディアペールエール（IPA）。とくに柑橘（かんきつ）系のホップが効いたアメリカのビールがいいでしょう。

【一目おかれるビールのキホン】

□缶も瓶も樽詰めも、中身はみんな同じ

□麦芽(ばくが)の色はビールの色

□苦みをつけるホップと、香りをつけるホップがある

□華やかなエール(上面発酵)、スッキリしたラガー(下面発酵)

□大手メーカーのピルスナーは冷やすのが当たり前

□エールビールは冷やしすぎない

□地ビールが淘汰され、生き残ったのがクラフトビール

□ビールにはスタイルがある。発祥はドイツ、イギリス、ベルギー

WHISKY

ウイスキー

●原料は穀物、蒸留して木樽熟成する酒

ウイスキーには**モルトウイスキー**のほかに**グレーンウイスキー**があることは第一部でお話ししました。そこで、ここでは主にモルトウイスキーについて、その原料とつくり方についてポイントをおさえておきたいと思います。

ウイスキーとはどんなお酒でしょうか。それはまず、穀物が原料であること。**スコッチウイスキー**は大麦が原料ですが、**バーボン**はトウモロコシ、**カナディアンウイスキー**はライ麦が主原料です。各国で原料の違いはありますが、穀物であることは一致しています。

そして蒸留酒であること。よく「ビールを蒸留したのがウイスキーだ」などと言いますが、それはかなり乱暴な話で、蒸留前の醪(もろみ)はビールの仕込みと似ているところもありますが、ウイスキーならではの仕込み方があります。

最後に木樽熟成をしていること。**ニューポット**と呼ばれる蒸留したばかりの蒸留液は無色透明ですが、木樽で熟成させることによってウイスキー独特の香味がつき、琥珀色に変化します。バーボンはホワイトオークの新樽で二年以上熟成させますが、新樽を使わないスコッチは古いバーボン樽などで三年以上熟成させます。どんな材質のどんな大きさの樽を使い、何年寝かせたかでウイスキーの味わいは違ってきます。

日本酒やビールの項では、原料とともにだいじなのが水だと言いましたが、ウイスキーも例外ではなく、仕込み水はウイスキーのキャラクターを決める重要な要素です。サントリーの山崎蒸溜所の近くにある「離宮の水」は、大阪府で唯一名水百選に選ばれていますし、ニッカの創業者竹鶴政孝氏は、蒸留所の場所を北海道の余市にした決め手のひとつが、「澄んだ地下水」だったと言っています。

一般的に軟らかい水の方がウイスキーづくりに適しているといわれており、スコッチの蒸留所の仕込み水も大部分が軟水か中硬水です。でも、名門**グレンモーレンジ**など極めて高い硬度の水を使っている蒸留所もありますし、アメリカやカナダの水も硬水が多いです。軟水か硬水かというより、よい水源が近くにあって、その水質がずっと変わらないということが、蒸留所にとって一番だいじなことのようです。

ただし、**ピート**層（泥炭層）を通り抜けてきた水で仕込んだ場合は特別です。スコットランドではしばしばこの水が使われ、アイラ島などはお風呂の水までも茶色だそうです。こうした仕込み水の場合は、重厚で複雑な味わいのウイスキーになるのです。

●ウイスキーの「生まれ」と「育ち」

モルトウイスキーはどのようにしてつくられるのでしょうか。人の一生に喩えると、麦芽(モルト)をつくって仕込み、蒸留するまでが「生まれ」だとしたら、熟成してブレンドし、瓶詰めするまでが「育ち」といえます。これは『日本ウイスキー世界一への道』という本にならった分け方ですが、言い得て妙だと思いませんか？

それではモルトウイスキーがどのように生まれるのか見ていきましょう。

麦に芽を出させて麦芽をつくるところまではビールと同じですが、乾燥させるところが違います。

ビールは温風で焙燥(ばいそう)させたり、焙焦(ばいしょう)といってローストさせたりしましたね。ところがウイスキーの麦芽は、**キルン**と呼ばれる三角屋根の塔の中で、網目状の床に広げ、下から無煙炭やピートで燻(いぶ)して乾燥させるのです。とくにピートを使った場合は、スモーキーなフレーバーがつきます。

ピートというのは、ヒースなどの植物が寒冷地の湿原に堆積し、長い年月をかけて炭化したものです。もとの植物や炭化の度合いによって性質が違うため、どんなピートを使うかでフレーバーも変わってきます。ですからスコットランドでは、自らピート湿原を所有している蒸留所もあるそうです。

次は麦芽(モルト)を糖化(とうか)し、麦汁(ウォート)を抽出する工程です。粉砕した麦芽を六七〜七〇度の温水と合わせ、マッシュと呼ばれる粥状(かゆじょう)にして糖化槽(マッシュタン)に投入します。そして酵素(こうそ)が最も活性化する六三〜六五度に保ちながら攪拌(かくはん)して糖化します。糖化が完了したら麦汁を取り出します。ここはビールとほぼ同じですね。

ビールはこのあと煮沸(しゃふつ)とホップ投入に移りますが、ウイスキーは麦汁に酵母(こうぼ)を入れてそのまま発酵させます。

そこでビールとの違いをまとめますと、まずビールは煮沸されるので、麦汁は無菌状態ですが、ウイスキーの麦汁は六〇度程度で取り出され、その後に殺菌工程がありません。ですから麦芽由来の菌類（主に乳酸菌）が生き残ったまま発酵槽に入ります。この乳酸菌類が酵母(こうぼ)と共に香味づくりに加わるのです。

　また、ビールは煮沸によって麦汁中の酵素は完全に活性を失っていますが、ウイスキーの一番麦汁は酵素の活性が残っています。そこで発酵槽の中でも糖化が続いて日本酒の並行複発酵と同じことが起こります。そのため発酵度が高く、残糖がきわめて少なくなります。

　そしてウイスキーの麦汁には、ホップの香味ではなく、ピートで燻した麦芽を使用した場合のスモーキーフレーバーが加わることも大きな違いです。

　二〇度前後に冷却された麦汁は、ウォッシュバックとよばれる発酵槽に移され、酵母が投入されます。酵母はビールより多めですが、それは殺菌工程がないので、雑菌に汚染されるより前に、早く発酵を立ち上げるためです。四〇時間くらいで発酵は終了しますが、その後二〇〜三〇時間の後熟を経て、七〜九％の醪ができあがります。

　次はいよいよ蒸留です。スコッチや日本のモルトウイスキーは、銅製の**ポットスチル**とよばれる単式蒸留機で、一般的には二回蒸留します。一回目の「初留」はアルコール度二〇〜二五％のスピリッツになり、それをもう一度蒸留する「再留」では、六五〜七〇％のニューポットとよばれる無色透明のお酒になります。

　このとき、ポットスチルの形や大きさ、加熱の方法で酒質が変わってきます。たとえばへビーな酒質になりやすいのは、ポットスチルの形はストレート型で、容量は小さく、直火で加熱した場合です。一方、ライトになるのはランタン型やバルジ型というくびれのあるタイプのポットスチルで、容量は大きく、蒸気を通す間接加熱の場合です。とくにポットスチルの形や大きさは、蒸留所ごとに多種多様で、それがモルトウイスキーの個性を形づくっているのです。

ウイスキーにとって、ニューポットは生まれたての赤ちゃんのようなものです。ここまでがモルトウイスキーの「生まれ」です。では、これからその「育ち」を見ていきましょう。

ニューポットを飲んだことがありますが、辛くて荒々しい、喉が焼けるようなお酒でした。これを琥珀色のまろやかなウイスキーにするために、六〇%程度に加水してから樽に詰めます。六〇%にするのは、それが樽の成分を最も効率よく抽出する度数だからです。

樽には様々な材質や大きさがあり、それぞれ違った個性の原酒をつくり出します。たとえばバーボンを熟成させたバーボンバレルは、華やかなバニラ香を生み出し、スコッチでよく使われます。また、シェリーに使われたシェリー樽からは、プラムやアプリコットの香りを持つ赤みを帯びた濃い琥珀(こはく)色の原酒がつくられます。さらに、日本固有のミズナラ樽からは、キャラメル様の甘い香りに加えて、お香のようなオリエンタルな香りの原酒ができるのです。

よく「樽は呼吸している」といわれますが、時間の経過とともにアルコールは少しずつ蒸発して、中身が減ってきます。これがいわゆる「天使の分け前(エンジェルズシェア)」というもので、ウイスキーの貯蔵庫はアルコールの香りが立ちこめ、お酒に弱い人はこれだけで酔ってしまいます。

天使の分け前は、冷涼(れいりょう)なスコットランドでは年平均二〜三%ですが、最近注目されているウイスキー新興国のインドになると、それが一二〜一三%にもなるそうです。こんなに減ってては長期熟成のウイスキーをつくるのは難しそうですね。

「それなら密閉タンクにオーク材のチップを入れて熟成したらどうか」とか、「樽の外側を完全に覆ってしまえばいいのではないか」というアイデアもあり、実際サントリーの研究所で実験したそうですが、どちらもよい原酒は得られなかったということです。

やはりおいしいウイスキーをつくるためには、天使に分け前を与えなければいけないようです。

樽熟成は年数が長ければ長いほどよいというものではなく、それぞれの樽が異なるピークを持っています。一般的には一〇〜二〇年でピークを迎え、二五〜三〇年を過ぎると劣化が始まるといいます。貯蔵してある樽の原酒を毎日テイスティングでチェックして、ちょうど飲み頃の原酒を見極め、ブレンドをするのがブレンダーです。

モルトウイスキー原酒とグレーンウイスキー原酒を合わせることや、モルト同士、グレーン同士を合わせることを**ブレンディング**といいます（今は、「ヴァッティング」という言葉は使われなくなりました）。シングルモルトというのは、同じ蒸留所でつくられた複数のモルト原酒をブレンドしたものなのです。あえて一つの樽からボトリングしたものは**シングルカスク**といって区別されます。

私はサントリーの山崎蒸溜所を取材をした際、特別にウイスキーのブレンドに挑戦したことがあります。そのときは四種類のモルト原酒と二種類のグレーン原酒を混ぜて、**ローヤル**をつくるというのが課題でした。ローヤルの香りと味を分析して、どの原酒が何割ずつ入っているか当てなければなりません。実際にやってみればわかりますが、これがとてつもなく難しく、一回目は失敗して、二回目にやっと合格をもらった次第です。

ここで学んだことは、個性の強い原酒は、たくさん入れるとバランスを崩すけれど、隠し味程度に入れるとけっこうよい仕事をするということです。あんこに少し塩を入れると、かえって甘みが引き立つような感じでしょうか。

このとき私を指導してくださったサントリーの名誉チーフブレンダー輿水精一（こしみずせいいち）さんも、著書の中で「ときには欠点だらけの失敗作としか思えない原酒が、重要な役割を演じて、ウイスキーの味わいを一気に複雑で奥行きのあるものにしてくれることがある」と言っています。これがブレンドの面白さで、一＋一＝二ではなく、あえていえば一〇〇＋一＝二〇〇というような感覚だそうです。ブレンダーが一つのウイスキーでブレンドする原酒は、多いときで三〇種類にもなるといいますから、まさに神業ですね。

こうして生まれたてだったニューポットは、長期間の樽熟成とブレンダーによるブレンドを経て、魅惑の酒・ウイスキーへと育っていくのです。

●世界のウイスキー

世界にはどんなウイスキーがあるのでしょうか。最近はインドや台湾のウイスキーが注目されていますが、たとえばタイの**メコンウイスキー**。あれは米と糖蜜が原料で、しばらく置いておくと退色して透明になってしまいます。着色されているからでしょう。こういうものまで入れれば、ウイスキーは世界中でつくられていますが、通常ウイスキーの主要産地は、スコットランド、アイルランド、アメリカ、カナダで、これに日本を入れて五大ウイスキーといわれています。

それでは、日本以外の四ヶ国で、どんなウイスキーがつくられているかを見ていきましょう。

スコットランドはウイスキー発祥の地といわれています。ウイスキーの語源はゲール語で「ウシュク・ベーハー」。「生命の水」という意味で、ラテン語の「アクア・ヴィッテ」と同じです。それが「ウスケボー」、「ウイスカ」、「ウイスキー」と変わっていったとされています。

「生命の水」と呼ばれる蒸留酒がいつ頃からスコットランドで飲まれていたかわかりません。でも、それは樽詰めされず、透明なまま飲まれていました。それが一七〇七年、内乱によりスコットランドがイングランドに併合されると、ウイスキーにすさまじい重税がかけられるようになります。そのため生産者たちは、イングランドから遠い山奥に隠れてウイスキーをつくるようになりました。そう、密造です。

そのとき大麦麦芽（モルト）を乾燥させるのに、近くに無尽蔵に埋もれているピートを燃料として使い、蒸留したモルト原酒を隠すのにシェリーを貯蔵した空き樽を流用するようになりました。このような偶然が、近代ウイスキーの製造法を奇（く）しくも確立することになったのです。

一八二三年に酒税法が改正され、税率が下げられると、政府公認の蒸留所が次々と誕生しました。密造時代に生産者たちが隠れた場所はハイランドのスペイ川流域（スペイサイド）だったので、今でもここにはウイスキーの蒸留所が多く集まっています。

密造時代は終わりましたが、まだウイスキーは主にスコットランドだけで消費されていました。ロンドンの紳士淑女から見たら、田舎の地酒だったのです。

それが世界に広まったきっかけは、連続式蒸留機の発明と無関係ではありません。トウモロコシなどを原料にした安価なグレーンウイスキーが大量生産されるようになると、このグレーンウイスキーとモルトウイスキーをブレンドした**ブレンデッドウイスキー**が誕生しました。ブレンデッドウイスキーは、モルトウイスキーより安いうえに、洗練された口当たりのよいウイスキーだったため人気を博し、スコッチウイスキーとして世界へと広まっていったのです。

スコッチウイスキーの特徴は、麦芽（モルト）にピートを使用しているので、独特のスモーキーフレーバーがあることです。スコッチというと今はブレンデッドウイスキーより**シングルモルトウイスキー**が人気ですが、モルトメーカーはもともとブレンデッドウイスキーに原酒を供給するための存在で、今もそれは変わりません。スコッチウイスキー全体の売り上げで見ても、九三％がブレンデッドで、シングルモルトはわずか七％でしかないのです。

そもそも世界市場で初めて**グレンフィディック**がシングルモルトを商品化したのが一九六三年ですから、シングルモルトが世に出てからわずか五〇年余りしか経っていないのです。しかしグレンフィディックが大成功したため、一九八〇年代になると続々とシングルモルトが市場に出回るようになります。蒸留所ごとにはっきりとした個性のあるシングルモルトは世界中のウイスキーファンの心をとらえ、年々市場が拡大しています。

シングルモルトの生産地区は六つに分けられます。

かつて密造の中心地だった**スペイサイド**には、スコットランドの一一〇近いモルトウイスキー蒸留所のうち、五一の蒸留所が集まっています。酒質はエレガントで華やかな、バランスのよい銘酒がそろっています。**グレンフィディック**や**グレンリヴェット**、**マッカラン**があるのがこの地域です。中でもマッカランはシェリー樽だけで熟成されていることで知られています。

アイラ島は佐渡島より少し小さな島ですが、そこに八つもの蒸留所があります。アイラモルトは、強いスモーキーフレーバーに加えてヨード香やピート香が特徴です。この独特の「潮の香り、磯の香り」は、蒸留所が海辺にあるためという説と、使用するピートに海藻が含まれているためだという説があります。**ラフロイグ**、**ボウモア**、**アードベッグ**、**ラガヴーリン**、**カリラ**などシングルモルトのビッグネームが並びます。

アイラ以外の島々は、ひとくくりに**アイランズ・モルト**と分類されます。**オークニー島**の**ハイランドパーク**や**スキャパ**、**スカイ島**の**タリスカー**などが有名です。ハイランドパークはバランスよくオールラウンダーで、タリスカーは強烈なスモーキーフレーバーがあるなど、島による個性が際立ちます。

ハイランドはスコットランドの北の大部分を占める広大な地域なので、各蒸留所による個性もバラバラです。モルト初心者に最適な飲みやすい**グレンモーレンジイ**があるかと思えば、アイラモルトに似た**ブルトニー**があり、またピートをまったく焚かないマイルドな**グレンゴイン**があるといった具合いです。
あとは昔多くの蒸留所で賑わっていて、ニッカの創業者竹鶴政孝（たけつるまさたか）氏も修業に訪れた**キャンベルタウン**と、グレーンウイスキーの工場やブレンド業者、麦芽製造工場が集まる**ローランド**がありますが、蒸留所の数は多くありません。
キャンベルタウンのモルトウイスキーは独特の塩辛さが特徴で、**スプリングバンク**と**グレンスコシア**という二つの蒸留所が残っています。一方、**ローランド**には**オーヘントッシャン**と**リトルミル**、**グレンキンチー**の三つが操業中で、どれも個性的。とくにオーヘントッシャンは、女性や入門者におすすめの優しい味わいが特徴です。

シングルモルトの説明が長くなりましたが、スコッチの真骨頂（しんこっちょう）はやはりブレンデッドウイスキーです。「あるブランドにはモルト原酒三二種類とグレーン原酒四種類、計三六種類の原酒が使われていて、その内訳はスペイサイド13、ハイランド10、ローランド4、アイラ2、キャンベルタウン1という具合である」とウイスキー評論家の土屋守（つちやまもる）さんが書いているように、一〇〇以上ある蒸留所のどの原酒をどう組み合わせるかは無限なのです。その中で一五〇年以上も代々腕を磨いてきたブレンダーたちがつくったブレンドが、まずかろうはずがありません。

ちなみにスコッチのブレンデッドウイスキーでもっとも出荷量が多いのは**ジョニーウォーカー**で、二位が**バランタイン**、三位が**シーバス・リーガル**です。シングルモルトもけっこうですが、もう一度スコッチのブレンドの妙を味わっていただきたいものです。

スコッチがウイスキーの元祖だというと、アイルランド人は怒り出すでしょう。彼らはアイルランドこそウイスキー発祥の地だと信じているからです。だからスコッチウイスキーに対抗するため、**アイリッシュウイスキー**は Whisky という表記にわざわざ e を入れて Whiskey と表記しているのです。

かつては世界一の生産量を誇っていたアイリッシュウイスキーですが、スコッチウイスキーがグレーンウイスキーを取り入れて、ブレンデッドウイスキーで世界に出て行ったあたりから形勢が逆転していきました。その理由の一つが、アイリッシュウイスキーは頑(かたく)なにグレーンウイスキーを認めず、相変わらずモルトウイスキーだけをつくり続けていたからだといわれています。ブレンデッドウイスキーをつくり始めたのは、ようやく一九七〇年代に入ってからですから、その頑固さには恐れ入ります。

アイリッシュ伝統のモルトウイスキーとは、原料に大麦麦芽(モルト)と未発芽の大麦を使い、スコッチより大きめの蒸留機で三回蒸留したシングル・ポットスチルウイスキーです。また、一般的には麦芽を乾燥させるのにピートを使いません。ですから、独特のオイリーなフレーバーのある軽やかな酒質が特徴です。

現在、四つの蒸留所が多種類の銘柄をつくっていますが、甘く初心者向けの**ジェイムソン**、スタンダードな**タラモア・デュー**、スモーキーな**カネマラ**などを覚えておくとよいでしょう。

アメリカのウイスキーは、スコットランドやアイルランドからの移民がつくり出しました。しかし一七九一年にウイスキーに税金がかけられることになったため、怒った移民たちはたびたび暴動を起こし、一七九四年には「ウイスキー戦争」とよばれる大暴動に発展しました。

戦争が鎮圧されると、移民たちはまだアメリカ政府の力が及ばなかった**ケンタッキー**や**テネシー**に移住し、この地でとれるトウモロコシでウイスキーをつくり始めたのです。これがのちの**バーボンウイスキー**になりました。

バーボンウイスキーとは、原料にトウモロコシを五一％以上使用し、一塔式の連続式蒸留機ビアスチルと、精留装置のダブラーで蒸留後、内側を焦がした新樽で二年以上寝かせたものをいいます。味わいは荒々しく樽由来のバニラ香が特徴です。スタンダードな**ジムビーム**、メロウな**メーカーズマーク**、甘みのある**フォアローゼズ**、力強い**ワイルドターキー**などがお馴染みですね。

ジャックダニエルは、蒸留後のスピリッツを、サトウカエデの炭の層を通して濾過(ろか)するチャコールメロウイングという工程が加わるため、バーボンではなく**テネシーウイスキー**といって区別されます。味わいはソフトな口当たりと爽やかな後口が特徴です。

カナディアンウイスキーは、一九二〇年に施行されたアメリカの禁酒法と密接な関係を持っています。禁酒法は、製造販売は禁止されていましたが、飲むのは自由というザル法。そこで、イギリス系のアメリカ移民がカナダでつくったウイスキーが密輸され、アメリカで大量に消費されたのです。禁酒法は一九三三年に廃止されましたが、それ以降も現在までカナディアンウイスキーの最大の輸出国はアメリカで、蒸留所もアメリカとの国境付近に集まっています。

カナディアンウイスキーのつくり方は、ライ麦麦芽（モルト）やトウモロコシなどを原料として、バーボンと同じように一塔式連続蒸留機とダブラーで蒸留した「フレーバリングウイスキー」と、トウモロコシなどを連続式蒸留機で蒸留した「ベースウイスキー」をあらかじめブレンドしたあと、木樽で三年以上寝かせます。

面白いのは、九・〇九%までは、カナディアンウイスキー以外の原料を入れてもいいということです。**アルバータ・ダークバッチ**というカナディアンウイスキーを飲んだことがありますが、バーボンとシェリーがブレンドされているおかげで、スパイシーで甘酸っぱい個性的な味わいになっていました。

カナディアンウイスキーはライトでマイルドなので、ウイスキー初心者にはもっとも飲みやすいでしょう。甘く軽やかな**カナディアンクラブ**、甘みとともにリッチなコクもある**クラウンローヤル**などが代表的な銘柄です。

四ヶ国のウイスキーを飲みやすい順にすると、カナディアン、アイリッシュ、スコッチ（ブレンデッド）、バーボンということになるでしょうか。この中で一般的に、単式蒸留を行っているのはスコッチとアイリッシュで、カナディアンとバーボンは連続式蒸留だということも覚えておいてください。

●日本のウイスキー

日本にも少数ではありますが、各地にウイスキーメーカーがあります。熱烈なマニアのいる**イチローズモルト**のベンチャー**ウイスキー**や、地ウイスキーの**マルスウイスキー**をつくる**本坊**（ほんぼう）**酒造**。また、**富士山麓**（ふじさんろく）や**ロバートブラウン**といったクリーンでソフトなウイスキーを得意とする**キリンディスティラリー**。そしてもちろん、日本初の本格国産ウイスキーを製造した**サントリーウイスキー**と、スコッチウイスキーを学んで日本に持ち帰った竹鶴政孝（たけつるまさたか）の**ニッカウヰスキー**などなど。

そして、二〇〇三年にインターナショナル・スピリッツ・チャレンジ（ISC）で、山崎12年が日本のウイスキーとして初めて金賞を受賞して以来、これらのメーカーのウイスキーは、世界的なウイスキーコンペティションで、毎年なんらかの賞を取っているのです。審査は厳正なブラインド・テイスティングで行われますから、けっして「審査員の日本びいき」というわけではありません。

なぜ日本のウイスキーが、これほどまでに世界に人々の心をとらえるのでしょうか。

たとえば二〇〇八年にワールド・ウイスキー・アワード（WWA）で「ワールド・ベスト・シングルモルトウイスキー」に選ばれた「余市二〇年」は、審査員から「豊かなスモークと甘いブラックカラントの驚異的な融合」「爆発的な香り」「力強く、長く、甘い後味」と絶賛されています。

最初はスコッチウイスキーの物まねだったかもしれませんが、一〇〇年近くコツコツと、日本の気候風土に合わせたウイスキーづくりを研究し続けた職人魂が、日本のウイスキーを世界が驚く品質へと高めたのだと、私は思います。

日本のウイスキーづくりの特徴は、ひとつのメーカーでいろいろな種類のモルトやグレーンをつくり分け、樽まで自社でつくっているということです。スコットランドなら、一〇〇以上あるモルトウイスキーの蒸留所から必要なモルトを購入し、グレーンウイスキーもグレーン工場から調達してブレンドすることができますが、日本ではそれがかなわないため、やむなく自社ですべてまかなってきたのです。

そのおかげで、様々な原酒をつくり分ける技術が磨かれ、潤沢とはいえない原酒を工夫してブレンドすることでブレンド技術が磨かれた結果、いつの間にか世界のウイスキーに追いつき、追い越していたのではないでしょうか。

日本のウイスキーづくりは、サントリーの創業者鳥井信治郎と、ニッカウヰスキーの創業者竹鶴政孝のお二人がいなければ始まりませんでした。

広島県竹原の酒蔵に生まれた竹鶴は、大阪の摂津酒造に技師として就職しましたが、洋酒づくりを考えていた社長に、ウイスキー製造を学ぶべく、スコットランドへと留学させてもらいます。

スコットランドでは、いくつかの蒸留所で見学や実習を積み、最後はキャンベルタウンのヘーゼルバーン蒸留所で五ヶ月間の実習を行いました。またこの留学中に、下宿先の娘リタと出会い、結婚しています。

一九二〇年、竹鶴はリタを伴って帰国しますが、日本を出た二年前と状況は一変しており、不況のため摂津酒造は洋酒製造を行える状態ではありませんでした。やむなく摂津酒造を退社した竹鶴に声をかけたのが、国産ウイスキー事業への進出を目指していた鳥井信治郎でした。

鳥井は、大阪でのちに寿屋（現在のサントリー）となる鳥井商店を興した人物。彼には一九〇七年に発売した甘味葡萄酒**赤玉ポートワイン**が爆発的な大ヒットをしたおかげで、潤沢な資金があったのです。そこで竹鶴を工場長に迎え、本格的にウイスキーづくりの事業に乗り出しました。

鳥井は、蒸留所の場所を、良質な水と自然環境がありながら、大都市からも近い山崎に定め、工場の設計から機械の発注まですべて竹鶴にまかせました。そして一九二九年、日本初の本格国産ウイスキー**白札**（しろふだ）が発売されましたが、清酒に慣れていた当時の日本人には、ウイスキー特有のスモーキーフレーバーはまだ受け入れられませんでした。

一九三四年、寿屋（ことぶきや）を退社した竹鶴は、スコットランドの気候とよく似ていて、ピートや石炭もある北海道の余市（よいち）に、蒸留所を建設します。そして樽熟成を経た理想の原酒ができるまで、地元で豊富にとれるリンゴの果汁をジュースにして資金をつなぎました。それで社名は初め大日本果汁といい、そこからニッカの名がついたのです。

一九四〇年、ようやく**ニッカウヰスキー**が発売されましたが、販売は好調で品質も高く評価されたといいます。

一方、鳥井は、自らマスターブレンダーとして日本人の嗜好に合うウイスキーを研究し続け、ニッカに先駆けて一九三七年**角瓶**を発売。これがたいへんな好評を博し、戦後、**トリス**、**オールド**とヒットを飛ばし、ニッカとともに日本のウイスキー文化を牽引していったのです。

私はサントリーの山崎蒸溜所へも、ニッカの余市蒸留所へも行ったことがあります。山崎は大都市に近いにもかかわらず、近くに名水と自然がある蒸留所で、特徴は多彩な原酒のつくり分けです。

まず発酵槽はステンレスと木桶を併用しています。洗浄しやすく雑菌の汚染を抑えられるという点ではステンレス製が優れていますが、保温効果や乳酸菌の増殖によって、香味が充実するという点では木桶が優れています。醪（もろみ）の段階から発酵槽を変えることによって、原酒のつくり分けは始まっていたのです。

蒸留でも、対になった初留八基、再留八基はどれも形状が違い、ストレート型とバルジ型がそろっています。加熱の方法も、直火と蒸気加熱を併用しています。これらを組み合わせることで、重い酒質から軽い酒質まで自在につくり分けることができるのです。

樽の大きさや材質も多種多様です。バーボン樽として使用されたホワイトオークのバレル、バーボン樽を分解して一回り大きい樽として再生した「ホッグスヘッド」、シェリーの熟成に使用されたスペイン産コモンオーク製の「バット」、ミズナラを使った日本固有の樽、そしてホワイトオークを使用した容量の大きな「パンチョン」など。

これらは蒸留所内の貯蔵庫で熟成されます。年間を通して、貯蔵庫の温度管理はしません。山崎の四季とともに樽が呼吸することで、ひと樽ごとに個性の違う原酒に育つのです。

樽の数は一〇〇万樽もあるのですが、ブレンダーはすべての樽の状態を把握しているそうです。これらを組み合わせることで、上品でバランスのよい**山崎**や、繊細で華やかな**響**などが生まれるのです。

サントリーは、インターナショナル・スピリッツ・チャレンジ（ISC）で、二〇一〇年から四回も、世界一のウイスキーメーカーに与えられる「ディスティラー・オブ・ザ・イヤー」に輝いています。これは世界に類のない原酒のつくり分けとブレンド技術が、高く評価された結果なのです。

一方、余市では、二日間かけてマイウイスキーづくりを体験しました。一日目はまずキルン塔に登って、ピートに燻されながら麦芽を広げて乾燥させる作業。続いて糖化槽を見に行き、麦汁と、発酵が終わった醪を飲ませてもらいました。麦汁は甘く、醪は酸っぱかったです。

次は蒸留棟へ。余市では直火で蒸留しているので、ポットスチルの下にスコップで石炭をくべるのです。これでかなり疲れたところで、今度は糖化槽の中に入り、麦汁が抜かれた後のカスを掃除しました。糖化槽の中は蒸し風呂のような暑さです。

翌日は製樽工場を見学。樽は手作りで、「チャー」といって中を焼く作業や、たがを締める作業、側板の隙間に蒲(がま)の葉を詰める珍しい作業などを見ることができました。

そしていよいよこの日に蒸留したばかりのニューポットの樽詰めです。ニューポットは六五度で、シンナーのような匂いのする無色透明なスピリッツでした。これを詰めた樽をゴロゴロと転がして熟成庫へ搬入し、すべての作業は終了。熟成するまで一〇年間、ここで寝かせておくということでした。

さて、ちょうどNHKで「マッサン」が放映中の一二月、雪が降り積もるマイナス三度の寒さをものともせず、余市は信じられないほどの数の観光客でした。あんなに売れなかったウイスキーが、ハイボールブームから人気に火がつき、「マッサン」で大ブレイクするとは、一〇年前に誰が予想したでしょうか。そう、この年に約束の一〇年目がやってきて、余市で蔵出しのパーティーがあったのです。

パーティー会場には私と同じ一〇年前にマイウイスキーづくりをした人たちが集まっていて、一緒に作業したグループの人たちとも再会できました。

マイウイスキーは、バレルの新樽で熟成した、加水なしのカスクストレングス(一つの樽からボトリングした原酒）です。ウッディでバニラのようなクリーミーな香りに、チョコレートのコクとビター感。野球に喩えれば、剛速球の直球。ああ、ニッカの味だなと思いました。

会場にいるのは、全国から自費で北海道までウイスキーをつくりに来るのですから、かなりのウイスキー好き、それも「ニッカ命」みたいな人ばかりです。きっとライバル会社の悪口を言う人がいるに違いないと思っていましたが、みんな口々に、「ニッカがこんなにおいしいのはサントリーのおかげだよね」「そうそう、お互い切磋琢磨する相手がいたからこそ、いいウイスキーができたんだよ」と言っているのです。これには本当に感動しましたし、変な勘ぐりをしていた自分が恥ずかしくなりました。

質実剛健なニッカと華やかなサントリー。性格が違うからこそお互いに引き立て合い、日本人ばかりでなく、世界の人々の心をつかんでいるのだと思います。

ウイスキーの選び方

ウイスキー初心者には、軽くて飲みやすいカナディアンウイスキーがおすすめ。最初はハイボールにしてもいいでしょう。次に飲みやすいのはアイリッシュウイスキーです。スモーキーフレーバーがなく、なめらかな味わいは誰からも愛されます。スコッチは独特のスモーキーフレーバーがあるので、ウイスキーに慣れた人向け。シングルモルトはクセがありますが、ブレンデッドならバランスは最高です。

意外と飲みにくいのがバーボン。新樽で寝かせるので樽香がきつく、荒々しい印象です。ただしアメリカンウイスキーでも、テネシーウイスキーを名乗るジャックダニエルは、サトウカエデの炭層濾過(ろか)をしているので、ある程度まろやかです。

世界的評価が高まっている日本のウイスキーを選ぶなら、日本人らしい緻密なブレンド力を発揮したブレンデッドウイスキーから入るのがおすすめです。

一目おかれる ウイスキーのキホン

□無理してストレートで飲むことはない
□グレーンウイスキーは、ブレンデッドウイスキーを旨くする名脇役
□モルトウイスキー原酒の味は、ポットスチルの形が決め手
□ブレンドでは、欠点のある原酒が意外と役立つことがある
□単式蒸留を行うのはスコッチとアイリッシュ
□カナディアンとバーボンは連続式蒸留
□飲みやすいのはカナディアン、アイリッシュ、スコッチ、バーボンの順
□日本のウイスキーの特徴は原酒のつくり分け

SHÔCHÛ

焼酎

●個性的な乙類焼酎

第一部で甲類焼酎についてお話ししたように、**甲類**は連続式蒸留機で蒸留した焼酎で、**乙類**は単式蒸留機で蒸留した焼酎です。そして歴史的には甲類より乙類の方が古い蒸留技術です。

ちなみに乙類焼酎のうち、砂糖などの添加物が一切ないのが**本格焼酎**とよばれます。現在出回っている乙類焼酎は、ほとんどがこの添加物のない本格焼酎です。ラベルに書いてあるので確認するようにしましょう。

単式蒸留の技術が、いつ頃どのように日本に伝わったかははっきりわかっていません。「生命の水」と呼ばれた蒸留酒は、八世紀頃中東からヨーロッパへ伝わり、アジアでは一三～一四世紀頃には製造されていたようです。

日本への伝播については、東南アジアから琉球を経て薩摩から南九州に伝わったという「南回り説」と、中国から朝鮮を経由して壱岐から北九州に伝わったという「北回り説」があります。

私は焼酎の源流といわれているタイやラオスで地酒の米焼酎を飲んできましたが、**琉球泡盛**と同じ全麹仕込みでした。一次仕込みを行わず、麹だけで醪をつくるのが全麹仕込みです。また、ドラム缶を改造した蒸留機は、明治時代の「カブト釜」と呼ばれる蒸留機とそっくりでしたので、私は南回り説を支持しています。それになにしろその**ラオ・カーオ**という地酒は、どこか泡盛を思わせる味だったのです。

甲類焼酎については第一部で説明しましたので、乙類焼酎のつくり方についてお話ししましょう。

乙類焼酎の醪は、一次仕込みと二次仕込みに分かれます。一次仕込みではまず麹をつくります。麦に麹菌を生やした麦麹もありますが、一般的には米麹なので、つくり方は日本酒と同じです。温かいところで四八時間かけてつくるのでしたね。ただ、日本酒は麹室でつくりますが、麹室がある焼酎蔵は少なく、三角棚、あるいは回転ドラムという製麹機でつくるのが一般的です。

日本酒との違いはまだあります。麹菌が違うのです。日本酒は**黄麹**ですが、焼酎は**白**

麹か**黒麹**を使います。もともと焼酎も黄麹を使っていましたが、暑さで醪が腐ることがよくありました。それが琉球から伝わった黒麹を使うようになると、とても容易で安全に焼酎ができることがわかったのです。

それは、醪（もろみ）にすると黒麹（くろこうじ）がクエン酸をつくり出すからなのです。クエン酸には強い殺菌作用があるので、沖縄や九州など温かいところでの酒づくりに適していたというわけです。ですから焼酎の醪はとても酸っぱいです。でもこの酸っぱさは、蒸留してしまえばお酒に含まれることはないので、焼酎の味には影響ありません。

泡盛（あわもり）は今も黒麹だけでつくられていますが、現代の焼酎は一般的に白麹でつくられています。これは一九二〇年代に河内源一郎（かわちげんいちろう）という研究者が、黒麹菌の中から突然変異した白い麹を発見したことに端を発します。

それまで、黒麹は胞子が蔵中に飛び散って、つくり手や蔵を汚してしまい、扱いづらさが難点でした。私も沖縄で泡盛づくりを手伝ったことがありますが、麹づくりの日は防塵（ぼうじん）マスクが与えられ、全身真っ黒になって作業したことを思い出します。黒麹は沖縄だけにしか見られない麹菌で、クエン酸を出すことで、温暖な気候のもとでも酒づくりを容易にしてくれる貴重な菌です。

白麹は黒麹の変異なので、クエン酸を出す性質は同じです。そこでまたたく間に白麹が焼酎づくりの主流になり、使ってみると、黒麹よりスッキリとしていて口当たりのよい焼酎になったのです。

この麹(こうじ)に水と酵母(こうぼ)を加えて発酵させるのが一次仕込みです。日本酒の酒母(しゅぼ)と同じようなものと考えてよいでしょう。

じゅうぶんに酵母が増えたところで、蒸した芋や麦、米や蕎麦などの原料を加えます。すると原料中のデンプンが糖に変わり、それが酵母によってアルコールへと発酵していきます。これが二次仕込みで、様々な原料が使われているのが乙類焼酎の特徴です。ただし、麦を使えばウイスキー、果実を使えばブランデーになるので、これらは使いません。本格焼酎で使える原料は、穀類・芋類・清酒粕(かす)・黒糖以外は、酒税法で四九種類の品目と決められています。

それを見ると、カボチャや栗などはまあいいとして、タマネギや昆布、あるいはマタタビやクマザサなど、とても発酵しそうにないものまで含まれています。こういう場合はデンプン質の多い原料と一緒に使われることが多いようですが、蒸留酒なのに、飲んでみるとしっかりタマネギやクマザサの味がするのに驚かされることがあります。

発酵後の醪（もろみ）はアルコール度一四〜二〇％になり、この醪を単式蒸留機で蒸留すると、三六〜四三％程度のアルコールが得られます。これが乙類焼酎で、原料からくるオリジナルな風味が生かされているのが特徴です。

単式蒸留の乙類焼酎は、スコッチウイスキーでいうとモルトウイスキーにあたるかもしれません。そして甲類焼酎をグレーンウイスキーと考えて、甲類と乙類をブレンドした焼酎もあります。それが**甲乙混和焼酎**です。価格が安く、マイルドで飲みやすくなるので、飲食店のキープ用ボトルなどによく使われています。

ところで、「甲乙混和ではないのに、やけにスッキリしてマイルドな乙類焼酎があるな」と思ったことはありませんか？　これは**減圧蒸留**という方法で蒸留した焼酎です。減圧蒸留に対して通常の蒸留を**常圧蒸留**といいます。

減圧蒸留は一九七〇年代に登場した新しい蒸留法で、九〇度くらいで沸騰する常圧蒸留に対して、蒸留機内の圧力を下げ、四〇〜五〇度くらいの低温で沸騰させる方法です。高い山に登ってお湯を沸（わ）かすと、気圧が低いために水が低い温度で沸騰するのと同じ理屈です。

こうすると、クセや臭みの原因になる沸点の高い成分は蒸留されないので、雑味のない淡麗な味になります。麦焼酎**いいちこ**がその代表格で、米焼酎では**白岳(はくたけ) しろ**、黒糖焼酎では**れんと**、泡盛(あわもり)では**残波(ざんぱ)**などが減圧蒸留です。飲み応えという点ではイマイチですが、乙類焼酎を飲み慣れない人にはマイルドな味が好評なので、スーパーやコンビニでも買える人気銘柄となっています。

もうひとつ、一時たいへんな人気だった麦焼酎**百年の孤独**は、樫樽貯蔵といって、バーボンの樽などに一定期間寝かせています。こうした樽貯蔵の焼酎は、ほかにもけっこうありますが、ウイスキーやブランデーなどと比べて、なんとなく色が薄いと思いませんか?

これはウイスキーやブランデーと混同しないように、色は薄くなければいけないという酒税法の決まりがあるからです。樽貯蔵した焼酎とウイスキーなんて、色が同じでも飲んだら絶対に判別できると思うのですが……。

まあそういうわけで、色を薄くするため、樽に少し入れたあとはタンク貯蔵をするとか、タンク貯蔵をした同じ年代の焼酎で薄めるとか、メーカーは様々な苦労をしているようです。こうした制約がありながら、**百年の孤独**のようなヒット商品を生み出すのですからたいしたものですね。

最後になりましたが、水も焼酎づくりに欠かせない原料です。蔵ごとに敷地内の井戸水などを使用するのは日本酒と同じで、これは仕込みだけでなく、度数を調整するときの割り水にも使われます。ですから、よい水のあるところによい焼酎があるといってもよいでしょう。

乙類焼酎は原料からくる個性に加えて、麹（こうじ）の種類や蒸留方法によっても味わいに変化のあるバラエティに富んだお酒です。次項からは、原料ごとに、どんな焼酎があるか見ていきましょう。

●芋焼酎

芋焼酎の主要産地ナンバーワンは、なんといっても鹿児島県で、次に多いのが宮崎県です。両県の違いは、鹿児島では二五％、宮崎では二〇％というアルコール度数でしょうか。宮崎でも、県外向けには二五％をつくっていますが、地元では二〇％が流通しています。ちなみに日本で最も売れている芋焼酎**霧島**（きりしま）は、鹿児島産ではなく宮崎産です。同じ「**霧島**」でも二〇％と二五％があるのはそのためです。

芋焼酎の麹（こうじ）は一般的には白麹ですが、最近は黒麹（くろこうじ）も人気です。この芋焼酎に使われる黒麹は、琉球から伝わってきた当初の黒麹ではなく、それを改良したＮＫやゴールドといった黒麹です。昔ほどクセが強くないので、泡盛のような味にはならず、芋焼酎にどっしりとしたコクを与えます。**佐藤 黒麹仕込**（佐藤の黒）が大成功してから、各メーカーで続々と黒麹の芋焼酎をつくるようになりました。

また、クエン酸を出さない黄麹も、昔は腐造の原因になっていましたが、現代の温度管理や醸造技術の進歩で使うことができるようになりました。黄麹のフルーティーで爽やかな風味はオンザロックに最適で、とくに**富乃宝山**は二〇〇四年頃にピークを迎えた焼酎ブームの火付け役となりました。

芋麹の登場も焼酎ブームの頃でしたね。じつは、終戦後などの米不足の時は芋麹を使うこともありましたが、麹菌が生えにくく、アルコール発酵も弱かったので、米が豊富に手に入るようになると米麹に戻っていったのです。そうした芋麹の欠点を克服して、芋一〇〇％の芋焼酎が誕生しました。味わいは、芳醇な芋の香りと芋らしい旨味が特徴です。

麹だけでもこれだけ味の違いがあるのです。では、二次仕込みに使われるサツマイモについてはどうでしょうか。じつはサツマイモにもいろいろな種類があるのです。

昔から芋焼酎にもっともよく使われているのは**コガネセンガン**という種類です。デンプン含有量が多く、収量も多い品種で、甘みとコクのある焼酎になります。次に多いのが**シロユタカ**という品種で、こちらはスッキリと淡麗な焼酎になります。

ジョイホワイトは、一九九四年に焼酎用の芋として開発されました。焼酎用なので、食べてもおいしいコガネセンガンと違い、ジョイホワイトは食べても甘みはありません。焼酎にすると、フルーティーな香りでスッキリした味わいになり、お湯割りだけでなくオンザロックにしてもおいしいです。

そのほか、**綾紫**（あやむらさき）や**種子島紫**（たねがしまむらさき）などの紫芋を使った焼酎もあります。本来アイスクリームやケーキなどにする紫色の芋ですが、焼酎にすると甘く華やかな香りで上品な味わいになり、女性にとても好評です。また、食用の**ベニアズマ**や**鳴門金時**（なるときんとき）を使用した焼酎もあり、スイートポテトや大学芋を思わせる味わいが特徴となっています。

こうしたサツマイモの収穫期は八月から一一月までです。ですから芋焼酎の仕込みも、この期間に限られます。おいしい芋焼酎をつくるためには、芋の鮮度が大切なので、農家が収穫した芋はすぐに焼酎蔵へ運ばれ、加工されます。

まずベルトコンベアーに乗せられ、熟練した女性たちが流れ作業で芋を選別し、ヘタや傷んだ部分を次々と切り落とします。ここは機械化できないので、必ず手作業で行いますが、女性たちの手際のよさには、どこの蔵へ行っても驚かされます。

昔は流通が悪かったため芋の鮮度が悪く、また芋の処理もじゅうぶんでなかったので雑味が多く、それで「芋焼酎は臭い」と言われていたのです。それが近年、芋の鮮度や処理にこだわる蔵が増えたので、芋焼酎もきれいで飲みやすくなりました。焼酎ブームが起きたのは、自然の成り行きだったといってよいでしょう。

素早く処理された芋は、一時間くらいかけて蒸されます。ここで蒸さずに焼き芋にする場合もあります。焼き芋焼酎は独特の香ばしさがあり、旨味も濃いのが特徴です。

蒸し上がった芋は粉砕機にかけられ、すぐ二次仕込みに使われます。仕込みにはステンレスやホーローのタンクを使う場合と、甕を使う場合があります。甕は小さいので一度にたくさん仕込めませんし、洗浄もしにくいという難点があります。しかし、素焼きの陶器を通して酒が呼吸することで、味がまろやかになるといいます。また、八分目くらいまで土中に埋まっているので、外気温に左右されず温度変化しにくいという利点もあります。

そこで、仕込み量の少ない一次仕込みだけ、あるいは一次仕込みも二次仕込みも甕で仕込むこだわりの蔵もあります。甕で仕込んだ場合は、たいていラベルに「**甕壺仕込み**」と書いてあるので注意して見るようにしましょう。

日本酒は旨味や香りを出すため、低温で長期間発酵させますが、焼酎の醪はそのまま飲むのではなく蒸留するためのものなので、高温で短期間の発酵になります。といってもあまり高温になると酵母が死んでしまうので、最も酵母が活発になる三〇度前後で、発酵期間は一〇日前後です。このときの醪が一番元気よく、まるで生き物のようにグルグルうねうねと動き回るのです。これは、ブクブクと泡立つくらいの日本酒の醪しか見たことがない人には、かなり衝撃的な光景です。

発酵が終わったら蒸留です。通常はステンレス製の蒸留機ですが、一部で昔ながらの木樽蒸留機やカブト釜蒸留機も使われています。

木樽蒸留機は手入れに手間がかかり、耐用年数も短いのですが、何度も使ううちに、杉を使った木樽表面の孔に醪が入り込み、野生酵母が棲みつくことで、複雑な味わい深い焼酎になるといいます。とても珍しい蒸留機ですが、枕崎にある**薩摩酒造**の明治蔵で見ることができます。明治蔵は木樽蒸留以外でも、麹室で麹をつくり、甕壺仕込みをする完全手づくりの蔵で、**さつま白波 明治蔵**という焼酎をつくっています。

一方、カブト釜蒸留機は、現在使われている単式蒸留機の原型で、江戸から明治時代にかけて使われていました。蒸留効率が悪いので今では使われなくなりましたが、阿久根の**大石酒造**では、蔵元自ら文献から設計図を起こして復元をしています。カブト釜で蒸留した焼酎**がんこ焼酎屋**は、雑味なくさわやかでフルーティー。オンザロックに最適です。

蒸留して最初に出てくる前留を、焼酎では「初垂れ」といい、本留を「中垂れ」、後留を「末垂れ」といいます。ウイスキーでは本留しか使いませんが、焼酎ではすべて使います。なぜなら、初垂れでは七〇%くらいのアルコールが出てきて、だんだんアルコール度数は落ちてきますが、芋の香りや旨味は後になるほど出てくるからです。でもあまり最後まで取り切ると雑味成分が多くなるので、だいたい一三%くらいになったら蒸留を終えます。初垂れは、それだけを集めた「ハナタレ」という商品が各社から出ていて、グラッパに似た華やかな香りが特徴です。

蒸留したてはまだガス臭さなどがあるので、蒸留後はしばらく熟成させて酒を落ち着かせます。といっても芋焼酎はもともと新酒でも楽しめる酒なので、熟成期間は長くありません。二〜六ヶ月熟成すれば、フレッシュさとまろやかさのバランスがとれた味わいになります。

このときも、ステンレスタンクで熟成させる場合と、昔ながらの甕（かめ）で熟成させる場合があります。陶器の気孔を通して焼酎が呼吸することで、甕の方がよりまろやかな味になるとされています。

以上が芋焼酎のつくり方ですが、これを江戸時代末期に八丈島に伝えた人物がいます。密貿易の罪で島流しになった薩摩の廻船問屋、丹宗庄右衛門（たんそうしょうえもん）です。それまでどぶろくしか知らなかった島の人たちはたいへん喜び、芋焼酎はその後、他の伊豆諸島にも伝わりました。

鹿児島や宮崎の芋焼酎と違うのは、麦麹（むぎこうじ）を使うことです。これにより、独特の香ばしさが加わった芋焼酎になります。現在伊豆諸島で焼酎蔵があるのは、八丈島、伊豆大島、新島、神津島、青ヶ島ですが、最もファンが多いのは、青ヶ島の**青酎**（あおちゅう）でしょう。ボトルごとに味が違う、手づくり感満載の焼酎です。

九州の芋焼酎とはまたひと味違う、野性味あふれる島の芋焼酎を飲んでみるのも面白いですよ。

●いろいろな焼酎

麦焼酎の産地はというと、大分県と答える方が大多数でしょう。しかし、歴史が古いのは壱岐（いき）の方です。

九州と朝鮮半島の間には、壱岐と対馬という二つの島がありますが、壱岐には現在七軒の焼酎蔵があるのです。そして壱岐の農家では、昔から来客があると「ウスモノを一杯」といって、焼酎をすすめるのが礼儀とされているそうです。

壱岐（いき）でいつ頃から焼酎づくりが始まったかはわかっていませんが、江戸時代には年貢から除外された大麦で、すでに麦焼酎をつくっていたようです。そのため、焼酎の起源のひとつとして、朝鮮半島から壱岐を経て北九州へ伝わったとする「北回り説」の有力な根拠となっています。

壱岐の麦焼酎の特徴は、麦麹（こうじ）ではなく米麹を使うことです。それも米麹三分の一に対し、大麦三分の二を使用するという独特の仕込み方です。そのため、麦の香ばしい香りと米から来る甘みが感じられる焼酎になります。

一方、大分の麦焼酎は麦麹を使います。麦麹の場合は米麹よりスッキリした酒質になります。麦麹が開発されたのは昭和四〇年代のこと。それ以降、減圧蒸留やイオン交換濾過などの技術を駆使したライトタイプの麦焼酎がつくられ、人気を博しました。**いいちこ**や**二階堂**などがその代表ですね。

しかし焼酎ブーム以降、常圧蒸留の麦焼酎が人気になり、数も増えています。その代表格が**兼八**で、麦焦がしのような香ばしさと独特の旨味に、麦焼酎の魅力を再発見した人も多いのではないでしょうか。

ちなみに原料の大麦には、デンプン含有量の多い二条大麦が使われ、これはビールやウイスキーと同じです。また、日本酒の精米と同じように、タンパク質の多い外側を削る「精麦」が行われます。麦焼酎の精麦歩合は六〇％前後が一般的ですが、日本酒のように精麦歩合を低くすれば雑味が減り、きれいな味わいになります。

米焼酎の産地は熊本県、それも人吉を中心とする球磨地区でつくられる球磨焼酎が有名ですね。球磨焼酎は五〇〇年以上の歴史と伝統があり、人吉には球磨川に沿って二八軒もの焼酎蔵があります。

現在はライトタイプが多くなっていますが、もともとは常圧蒸留で、三五％や四〇％といった強くて濃いのが球磨焼酎でした。それを泡盛のカラカラに似た「ガラ」という酒器に入れ、直火で温めて飲むのです。飲むのは「チョク」という盃。チョクは日本酒のお猪口（ちょこ）より小さく、口が開いていません。これは強い焼酎の燗酒の匂いが、鼻にツンとこないので具合いがよいのです。

こうした伝統的な球磨焼酎は長期熟成にも耐えられるので、タンクまたは木樽で何年も寝かせているものもあります。球磨焼酎で長期熟成の第一人者といえば**六調子**（ろくちょうし）でしょう。なかでも、同酒造の**圓**（えん）の一二年ものは、飲めば飲むほど深みを感じる驚きの旨さでした。

一方、現在主流になっている球磨焼酎は二五％の減圧蒸留で、日本酒のような香りがありながら、ドライでスッキリとした飲みやすい味わいに仕上がっています。今は球磨焼酎というと、こちらをイメージする人の方が多いかもしれませんね。

蕎麦焼酎を初めてつくったのは宮崎の**雲海**（うんかい）**酒造**で、一九七三年のことでした。お馴染みの**そば雲海　黒丸瓶**は、減圧蒸留なので、蕎麦の香りがほんのりとするライトな焼酎です。お蕎麦屋さんに置かれることも多く、これを蕎麦湯で割って飲むという人が続出しました。

蕎麦の実は発酵力が弱いので、米や麦などと掛け合わせてつくられることが多く、それに減圧蒸留か常圧蒸留かという違いも合わせると、蕎麦焼酎は製造方法のバリエーションが豊富です。ですから蕎麦焼酎の味は千差万別。蕎麦のえぐみや苦みがもろに出てしまっているような焼酎から、蕎麦らしい香りと甘みを感じるものまでいろいろあるので、ひとくくりに蕎麦焼酎の味わいを語るのは難しいです。

独特の甘い香りが特徴の黒糖焼酎は、奄美諸島だけに製造が限定された焼酎です。原料は黒砂糖のかたまりで、これをお湯に溶かして使います。

黒糖は酵母（こうぼ）を入れればすぐにアルコール発酵しますから、糖化（とうか）を促すための米麹（こめこうじ）を必要としませんが、黒糖焼酎は米麹を使うことが必須条件となっています。これは、米麹を使用しないとラムになってしまうため、酒税法上、焼酎ではなくスピリッツと同じ高い酒税を払わなければならないからです。

奄美では昔から、琉球から伝わった蒸留技術を使い、麹と栗や米、ソテツの実などで焼酎をつくっていたようです。サトウキビはありましたが、黒糖は重要な物資だったので酒づくりには使われなかったのです。それが戦後米軍占領下になって、黒糖が島外に出せなくなると、黒糖で焼酎をつくるようになりました。その後、本土復帰すると、今度は日本の酒税法が適用され、米麹の使用が義務づけられたのです。

ただ、米麹のよいところはデンプンを糖化するだけではありません。米麹の中の成分は酵母の栄養になり、高級アルコールやエステルといった芳香のもととなります。つまり米麹のおかげで、黒糖焼酎の香味はより豊かになるのです。

黒糖焼酎は、奄美最古の蔵の**弥生**(やよい)や、家族経営で少量生産の**長雲**(ながくも)などが人気銘柄で、とくに弥生焼酎の**荒ろか**(あら)は、ほとんど濾過(ろか)していないのに、マイルドで洗練された味わいに驚かされます。

沖縄だけでつくられる泡盛(あわもり)は、黒麹(くろこうじ)を使い、二次仕込みを行わない全麹仕込みです。そして、この黒麹で麹米として使う米はタイ米です。琉球時代から交易で手に入れていたのかはわかりませんが、黒麹にはタイ米がもっともよく合うようで、私が会った泡盛の蔵元は、「戦後一時本土の米を使ったこともありましたが、うまく泡盛がつくれず、タイ米に戻しました」と言っていました。

黒麹でつくった米麹に、水と泡盛酵母(こうぼ)を加えて醪(もろみ)を仕込み、約二週間発酵させたら、二次仕込みなしでそのまま蒸留します。

泡盛の新酒は黒麹の香りが強くクセがありますが、泡盛は寝かせれば寝かせるほど旨くなり、まろやかで甘いクース（古酒）が珍重されます。

クースを育てるには、「仕次ぎ」という方法を用います。たとえばもっとも古い三〇年ものの甕があったとします。その場合、二五年もの、二〇年もの、一五年もの、一〇年ものというように、一定の年数間隔でクースの甕を用意します。そして親酒の三〇年ものから汲み出して飲んだら、一つ前の甕から順番に酒を注ぎ足し、一〇年ものの甕には新酒を入れるというのが仕次ぎです。新酒をいきなり親酒に入れるとクースのよさが失われるので、このような方法が編み出されたのでしょう。

泡盛というと「強い酒」というイメージを持つ人が多いのですが、アルコール度数は二五％から四三％までさまざまあり、沖縄では薄い水割りにするのが一般的なので、食中酒としても飲める酒です。でも、何年も熟成させたアルコール度数の高いクースを飲むなら、カラカラに入れてお猪口ですこしずつ、ストレートで味わいたいものです。クースなら、「古酒のやまかわ」といわれる**山川酒造**が有名で、限定品**かねやま**はなんと四〇年古酒まであります。

ここまでは主に九州・沖縄地方でつくられている焼酎を見てきましたが、全国の清酒蔵でつくられている焼酎があります。それが酒粕でつくる粕取り焼酎です。酒を搾ったあとの酒粕には、まだ八〜一二%程度のアルコールが含まれているので、これを蒸留すれば焼酎になるのです。

酒粕は固形なので、昔は蒸留の蒸気が通りやすくするようにもみ殻を混ぜて蒸留していました。でもそうすると強烈な匂いがついてしまうので、もみ殻を混ぜずに酒粕を粉々にして蒸留する蔵もあります。また、酒粕に水や酵母を加えて再発酵させ、蒸留するという方法もあります。

いずれにしても、粕取り焼酎は独特の酒粕風味が特徴です。とくに常圧蒸留の場合は、ガツンとくる酒粕の旨味やクセがありますが、寝かせることでとてもまろやかになります。また、吟醸粕だけ使用して減圧蒸留した場合、まるで日本酒のような、吟醸香のするスッキリとした焼酎になります。

粕取り焼酎は、日本酒の蔵が酒粕という副産物でつくるので、各蔵の力の入れ具合いはバラバラで、出来具合いもまたバラバラです。ですから、素晴らしい銘酒が埋もれている可能性もある焼酎なのです。とくに常圧蒸留のガツン系は、評価がわかれて難しいのですが、**たるへい**の四〇%一〇年ものや、**杜の蔵**（もりのくら）が古式木製セイロでつくっている**常陸山**（ひたちやま）**さなぼり**は、力の入った本格派で、飲み応え抜群です。

このように、焼酎は原料の違いにより多様性があり、そこが面白さです。この中でシャンパーニュのシャンパンのように、産地や原料、製造法などが限定されているものがあります。それを「産地呼称焼酎」といって、名乗ることが許されているのは、壱岐（いき）焼酎、球磨（くま）焼酎、琉球泡盛（あわもり）、薩摩焼酎の四つだけです。将来日本の焼酎が世界的な酒になったとき、この四つの焼酎はシャンパンと肩を並べられるということです。

●オンザロックとお湯割り

二〇〇三年頃から数年にわたって、本格焼酎ブームがあったのはご存じの通りです。とくに東京で流行ったのが、芋焼酎のオンザロックでした。それまで酒臭い安酒として、オヤジが飲むものとされていた芋焼酎が、「甘みがあって飲みやすい」「オシャレ」と女性の間でもブレイク。それまで焼酎を置かなかった、バーや高級寿司店にまで焼酎があるのも、今は当たり前になりました。

芋焼酎が飲みやすい酒に変わったのには、いくつかの理由があります。それは、流通がよくなり、原料の芋が新鮮なまま工場へ運ばれるようになったことや、醸造技術と蒸留技術が進歩したことなどによります。

当時は一般的な米麹を使わず芋麹を使ったり、原料の芋の種類を変えたり、ハナタレといって、蒸留の最初に出てくる原酒を集めた芋焼酎をつくったりと、さまざまな試みがなされました。その技術は今も受け継がれて芋焼酎の品質をさらに高めています。

こうしたブームに乗って、私にも芋焼酎取材の依頼がたくさんきました。一番大変だったのは、「焼酎五二種類飲み比べ」という雑誌の企画です。数人で手分けして一日がかりでやりましたが、さすがに焼酎五二杯はキツかったです。

蔵元を訪ねて鹿児島へも行きましたが、そこではたいへんなカルチャーショックにあいました。

鹿児島では、誰もオンザロックでなど芋焼酎を飲んではいなかったのです。彼らの飲み方はお湯割りが基本でした。しかもお湯で割った芋焼酎がグラスで出てくるのは高級店で、たいていはグラスとお湯のポットと焼酎の瓶が三点セットで出てくるのです。

それを好きなように割って飲むのですが、このグラスがまたすごい。おそらくメーカーがお店に配っているのでしょう、「薩摩白波」などと商品名が書いてあり、ガラスは適度に厚く、大きさは大人の手に馴染むくらいの小ぶりです。そして素晴らしいのは五：五とか六：四という目盛りが入っていることです。つまり、割るときに焼酎の濃さの目安にしてくれというわけです。

私はだいたいお湯六対焼酎四が好みなので、お湯を先に六の目盛りのところに入れます。お湯を先に入れるのは、酒とお湯が対流して、うまく混ざりやすいからだと鹿児島の人に教えてもらいました。また、お湯を先に入れることで、少し温度が下がるのもポイントです。鹿児島のお湯割りの温度はだいたい四〇～六〇度くらいではないでしょうか。東京のお湯割りは熱湯に近いお湯で入れる店が多いので、熱すぎますし、酒の濃度もたいてい薄すぎます。はっきりいって、東京のお湯割りは、鹿児島と違っておいしくないのです。だから東京では、オンザロックや水割りが人気なのでしょう。

私は鹿児島の焼酎グラスを「芋焼酎の最終兵器」とよんで、ひそかに東京でも流行らせようと、いろいろな店に持ち込んで紹介しましたが、うまくいきませんでした。

このグラスのよさは、目盛りがあるのはもちろんですが、まず厚さですね。適度な厚みがあるので、手に熱さが伝わりにくく、持ちやすいのです。そしてこの大きさ。小ぶりなので、お湯割りが冷める前に、ちょうどよく飲み終わるのです。まさにお湯割りを美味しく飲むためにつくられた最高傑作品ではないでしょうか。

また、鹿児島には伝統的な酒器として、**黒ジョカ**があることもご存じだと思います。平べったい急須のような形をしていて、そのまま火にかけられます。ただ、キッチンのガス台に強火でかけると割れてしまいます。昔は火鉢において、ゆっくり温めていたものなので、扱いには注意が必要なのです。

黒ジョカの上手な使い方は、まず水と焼酎を半々に割って前の日からおいておくことです。これを「前割り」といいます。すると水分子とアルコール分子がゆっくりなじんで、まろやかになるのです。

前割りの黒ジョカを火にかけて温めた後、どうやって飲むかというと、お猪口(ちょこ)のような酒器で飲むのです。そう、まるで日本酒のように。私にはこれもカルチャーショックでした。グラスが出てくると思いきや、お猪口ですよ。お猪口でゆっくり、少しずつ飲むのです。

つまり二五%の芋焼酎を水で割って、日本酒くらいの度数に落とすわけですね。それを温め、熱燗を飲むようにお猪口でいただく。本当に、気分は日本酒なんです。

今では日本酒の蔵もあるようですが、それは冷房・冷蔵技術が発達したからで、数年前まで鹿児島にはひとつも日本酒の蔵はありませんでした。黒ジョカ&お猪口は、暑い気候で日本酒ができなかった鹿児島が長年培（つちか）った、知恵の結晶だと思います。

さて、本題のオンザロックに戻りますと、たしかに現代の芋焼酎は、きれいで飲みやすく、オンザロックにも向いていると思います。オンザロック専用の芋焼酎もあるくらいですし、そういう芋焼酎が出てきたからこそ、焼酎ブームが生まれたともいえます。

でも、地酒は地元の飲み方が一番です。芋焼酎は、芋焼酎グラスか黒ジョカを使ってお湯割りにして、キラキラ光ったキビナゴや、甘い薩摩揚げ（地元では「つき揚げ」といいますが）をつまみに飲むのが最高だと思います。

焼酎の選び方

乙類焼酎を選ぶときは、まず減圧蒸留か常圧蒸留かを気にしてください。減圧蒸留の場合は甲類焼酎に近く、淡麗でライトなので、濃い酒が苦手な人に向いています。逆に酒飲みであれば、常圧蒸留を選んだ方がよいでしょう。

芋焼酎は、黒麹（くろこうじ）仕込みならガツンと飲み応えのある酒で、原料の芋がジョイホワイトならフルーティー、甕壺仕込みならまろやかな酒が多いです。

麦焼酎の常圧は、壱岐焼酎なら米麹の甘みを感じ、大分の焼酎なら麦麹の香ばしさが特徴です。スッキリした吟醸酒のような酒をお望みなら、米焼酎の減圧蒸留を選びましょう。

泡盛は、基本的に薄い水割りでおすすめして、クース（古酒）であればストレートかオンザロックにしてじっくり味わうのがよいでしょう。

一目おかれる焼酎のキホン

□甲類は連続式蒸留、乙類は単式蒸留
□甲類焼酎はアルコールを磨いたクリアな酒
□単式蒸留には常圧（ヘビー）と減圧（ライト）がある
□乙類焼酎には酒母をつくる一次仕込みと、原料を入れる二次仕込みがある
□泡盛（あわもり）は二次仕込みを行わない全麹（ぜんこうじ）仕込み
□日本酒は黄麹、焼酎は白麹、泡盛は黒麹
□産地呼称焼酎は、壱岐（いき）焼酎、球磨（くま）焼酎、琉球泡盛、薩摩焼酎
□芋焼酎の伝統的な飲み方は、前割り、お燗、黒ジョカ、お猪口（ちょこ）

WINE

ワイン

●ワインはブドウの出来しだい

ワインとはどんなお酒でしょう。日本酒、ビール、ウイスキー、焼酎と決定的に違うところは、水を一切加えないということです。ワインの水分はすべてブドウの水分です。そのもとになるところは畑です。畑の水分を吸収してブドウの実になるのですから当然ですね。

だからワインは畑や土壌をことさら大事にしますし、畑に等級をつけたりするのもそのためです。ブドウ果汁だけでつくるワインの質は、ブドウの出来映えしだい。そしてブドウの出来は天候しだいです。

天候は年により違い、年によりブドウの出来・不出来があるので、高級ワインの中には、ブドウの出来が悪かった年はワインをつくらない、というものもあります。逆によい収穫年（ヴィンテージ）のワインは高く売られます。

一方、日本酒はどうでしょう。じつは米の出来も毎年違い、つくりのしにくい、出来の悪い米の年もあります。しかし日本酒は醸造技術でなんとか頑張ってカバーして、きっちり毎年同じ味に仕上げてきます。反対に米の出来がよかったからといって、「今年は酒の出来がいいから高く売ろう」などという蔵はなく、価格も毎年一定です。まったく日本人は、どこまで生真面目で勤勉なんでしょう。それにひきかえ、フランス人は少し努力が足りないんじゃないかと思ってしまいます。

でもこうした疑念は、ワインのつくり方を知ればすぐに解けます。醸造工程が複雑で、原料の悪さを技術力でカバーできる日本酒と違い、ワインはブドウまかせのシンプルなつくり方なのです。

赤ワインは基本的に黒い皮の黒ブドウのみ使用します。収穫したブドウを房から外し（除梗）、粒をつぶす（破砕）ことによって醪にします。昔はブドウを足で踏みつぶして行っていましたが、今は電動の機械で行います。

除梗・破砕後のブドウは、果汁（果肉）、果皮、種、すべてまとめて発酵槽で発酵させます。ブドウの皮には天然の酵母がついているので、放置すればそのままでも発酵しますが、現代のワインづくりではまず**亜硫酸塩**を加えて天然の酵母や雑菌を死滅させた後、純粋培養したワイン用酵母を添加します。

発酵が進むと果汁は赤い色を帯び、炭酸ガスによってブドウの皮が持ち上げられて表面に集まり、帽子のようになります。これを果帽といいます。発酵によって熱がどんどん上がり、果帽によって熱がこもると酵母が弱ってしまうので、櫂でかき混ぜたり（ピジャージュ）、ポンプで循環させたり（ルモンタージュ）して温度管理をします。赤ワインは二〇～三〇度、白ワインは一五～二〇度が発酵温度です。

発酵が始まってから五日ほどすると、ワインの色もついて果皮や種からタンニンも出てきます。ここで醪を圧搾するのですが、タイミングを早めにすると軽いワインができ、「かもし」といって果皮や種をしばらくつけたままにしておくと、色もタンニンも濃いワインになります。多くの高級ワインはかもしをしてつくります。

また、圧搾の方法も二通りあり、発酵タンクの下部のコックを開けて自然に流れ出たワインを「フリーラン」といい、果皮ごと圧搾機にかけて搾ったものを「プレスワイン」といいます。フリーランは繊細な味になるのに対して、プレスワインは渋みの成分などが多くなります。

高級な赤ワインの場合、圧搾したワインを後発酵させます。酵母による発酵が終わったワインにはリンゴ酸が多く含まれ、強い酸味がありますが、乳酸菌により、リンゴ酸は乳酸と二酸化炭素に分解されるのです。これが第一部でワインの酸化防止剤の話をした時に紹介したマロラクティック発酵（ＭＬＦ）で、酸味が柔らかくまろやかになり、香りにも複雑味が増します。

この後、澱引き（おりびき）をして、高級ワインは瓶詰めする前に半年から一年半ほど木樽の中で熟成させます。瓶詰めしてからも、すぐに出荷する場合とさらに瓶熟成させる場合があります。

白ワインは基本的に緑の果皮の白ブドウを使います。赤ワインの場合は果皮や種も一緒に発酵させますが、白ワインではブドウをつぶした後に、果皮と種のないブドウジュースをつくり、発酵させます。発酵後の工程は赤ワインと同じです。

ロゼワインのつくり方はいろいろな方法がありますが、ひとつは赤ワインと同じようにつくる方法です。黒ブドウを果皮や種ごと発酵させ、果汁が少し色づいた時点で果汁だけ取り出します。それをさらに発酵させればロゼワインになります。

もうひとつは白ワインと同じようにつくる方法です。果肉まで色づいている黒ブドウを圧搾（あっさく）し、果皮と種のないピンク色のブドウジュースをつくり、発酵させます。前者の代表は**タヴェル・ロゼ**で比較的しっかりとした味なのに対し、後者の代表は軽い飲み口の**ロゼ・ダンジュー**ということになります。

シャンパンの原料は、黒ブドウの**ピノ・ノワール**と**ピノ・ムニエ**、白ブドウの**シャルドネ**だけと決まっています。ピノ・ノワールとピノ・ムニエは、果皮は黒ブドウでも果肉は緑色なので、圧搾して得られる果汁は基本的に着色しません。これを白ワインの要領で発酵させます。

普通は、こうしてつくった異なる品種、異なる畑、異なる年のワインを調合して毎年一定の味になるように調合（アッサンブラージュ）します。ここが各シャンパンハウスの腕の見せどころで、最も企業秘密の部分です。

仕込みを終えたワインには、酵母とショ糖を加えて瓶詰めします。この後に起こるのが瓶内二次発酵です。そして、このときにできる炭酸ガスが、シャンパンの泡になるのです。

発酵は数ヶ月で終了し、酵母は一年で完全に死滅します。しかし澱は取り除かず、このまま瓶熟成を三〜五年行った後（シュール・リー製法といいます）、澱をボトルの口に集め、ボトルの口の部分をマイナス二八度の冷凍液に浸けて、凍った澱を取り出します。

その後、ショ糖とワインを混ぜたブランデーのようなリキュールを加えます。この量により、シャンパンは**ブリュット**（極辛口）から**ドゥー**（甘口）まで様々な甘さのタイプに分かれます。このときのリキュールは「門出（かどで）のリキュール」と呼ばれます。

以上が「シャンパン方式」と呼ばれるものですが、他のスパークリングワインには、炭酸ガスを注入したものや、二次発酵を大きなタンクで行ったものなどいろいろな種類があります。ちなみにスペインのカバは、シャンパン方式でつくることで有名なスパークリングワインです。

どうでしょう。大変そうなのはシャンパンくらいで、あとはかなりシンプルなつくり方だと思いませんでしたか？　でもやっぱり、天候のせいにしてワインをつくったりつくらなかったりするフランス人と、きっちり毎年同じものをつくり上げる日本人とでは、もともとの気質が違うのかなと思います。

●主なブドウ品種

ワインに使われるブドウ品種は世界に一〇〇種類ほどありますが、もちろん全部覚える必要などありません。まず赤ワイン用品種二種と、白ワイン用品種二種の四種類だけは覚えておいてください。

赤ワイン用品種は、**カベルネ・ソービニヨン**と**ピノ・ノワール**です。

カベルネ・ソービニヨンは、フランスのボルドー地方、とくにメドック地区の高級赤ワイン用品種です。タンニンが多いので、長い熟成をするワインに向いています。骨格のしっかりした中にエレガントさがあり、黒スグリ（ブラックカラント）や杉の木に似た香りが特徴です。

ピノ・ノワールは、フランスのブルゴーニュ地方の高級赤ワイン用品種です。タンニンの渋みは穏やかで、独特の果実味があります。口当たりがなめらかなきめの細かいワインになります。シャンパーニュ地方では白ワインに仕立てられ、シャンパンにコクと旨味を与えます。

白ワイン用品種は、**シャルドネ**と**リースリング**です。

シャルドネは栽培が容易なので、世界中で最も人気のある白ワイン用品種です。とくにフランスのブルゴーニュ、シャンパーニュ地方の高級白ワインになります。アルコール度の高い肉づきのよい辛口になり、樽熟成をするとやわらかいコクが生まれます。**シャブリ**や**モンラッシェ**といった、ブルゴーニュを代表する銘酒はシャルドネでつくられます。

リースリングはドイツの最高級品種で、上品で香りが高く、酸味の際（きわ）だったワインになります。味わいは極辛口から極甘口まで幅広く、ドイツでは主に甘口ワインが、フランスのアルザス地方では辛口ワインがつくられています。

この四つの品種のほかに、よく知られているものをいくつか挙げておきますので、余力があったら覚えましょう。

赤ワイン用品種は、**メルロー**、**カベルネ・フラン**、**ガメイ**、**シラー**、**ネッビオーロ**、**サンジョヴェーゼ**、**テンプラニーリョ**、**ジンファンデル**の八種類です。

メルローは、ボルドー地方の高級赤ワイン用品種のひとつです。タンニンが少なく、口当たりもやわらかくなめらかなので、メドック地区ではカベルネ・ソービニヨンとブレンドされます。

カベルネ・フランは、フランスのボルドー地方ではブレンド用の品種ですが、ロワール地方では中心となる品種です。カベルネ・ソービニヨンに似ていますがさらに軽く、骨格も細めで、ベジタブル・フレーバーと呼ばれる青野菜の香りがあります。ロワール地方の**ブルグイユ**や**シノン**の主要品種となります。

ガメイは、ブルゴーニュ地方のボージョレ地区で栽培されている品種で、**ボージョレ・ヌーボー**に使われるのでご存じですね。早熟で、果実味とフレッシュな酸味が特徴です。

シラーは、フランス南部のコート・デュ・ローヌで栽培されている品種で、色素の濃い、スパイシーでタンニンの厚みを感じさせるワインになります。また、オーストラリアを代表する品種でもあります。

ネッビオーロは、イタリアのピエモンテ州で栽培されています。深い赤色、力強い酸味と豊かなタンニンが特徴で、長期熟成型のワインができます。最高級ワインの**バローロ**や**バルバレスコ**を生む品種です。

サンジョヴェーゼは、イタリア中央部トスカーナ地方の主要品種です。色は明るめで、タンニンも酸味も力強く、長期熟成型のワインができます。**ブルネッロ・ディ・モンタルチーノ**や**キャンティ**などの銘酒を生みます。

テンプラニーリョは、スペインで広く栽培されている品種で、ワインは果実味に富み、酸味も豊かで優しい味わいになります。

ジンファンデルは、カリフォルニア特有の品種で、ワインは軽いフルーティーなものから濃厚なものまでつくられます。赤ワイン用品種ですが、白ワインのように醸造してつくった「**ホワイト・ジンファンデル**」が、一九八〇年代に大流行しました。

次は、白ワイン用品種です。主なものは、**ソービニヨン・ブラン**、**セミヨン**、**ゲヴュルツトラミナー**、**ピノ・グリ**、**ミュラー・トゥルガウ**、**ミュスカデ**、**ミュスカ**の七種類です。

ソービニヨン・ブランは、主にフランスのロワール、ボルドー地方で栽培されています。青草を思わせる独特の香りとスモーキーさ、鋭い酸味が特徴で、ロワール地方では**サンセール**や**プイィ・フュメ**などの辛口ワインになります。ボルドーのソーテルヌ地区では、甘口の貴腐（きふ）ワインに使われることでも知られています。アメリカやオーストラリアでは、**フュメ・ブラン**とも呼ばれます。

セミヨンは、主にフランスのボルドー地方のソーテルヌ、グラーヴ地区で栽培されていて、多くはソービニヨン・ブランとブレンドされます。グラーヴでは辛口ワインになりますが、ソーテルヌでは甘口の貴腐ワインになります。

ゲヴュルツトラミナーは、ドイツやフランスのアルザス地方で栽培されています。ライチやバラの花に似た芳醇（ほうじゅん）な香りと、豊かなボディーのワインになります。

ピノ・グリは、ドイツや、フランスのアルザス地方で栽培されていて、酸味がおとなしく、独特の温かみのあるワインになります。

ミュラー・トゥルガウは、ドイツで最も多く栽培されている品種です。やわらかい酸味とマスカットに似た香りが特徴で、ドイツのほとんどの中級ワインの主要品種となっています。

ミュスカデは、フランスのロワール川下流地区で栽培され、同名のワインになります。澱(おり)を除かずに熟成させるシュール・リーという方法でつくられ、味わいは軽くて酸味のある極辛口です。

ミュスカはいわゆるマスカットで、世界各国で栽培され、フルーティーな香りをもった爽やかな甘口ワインになります。

以上が主なワイン用ブドウの品種です。一般的に、赤ワイン用品種はブレンドされることが多く、白ワイン用品種は単独で使われることが多い、ということも覚えておきましょう。

●世界のワイン

フランス

フランスワインの中で有名銘醸地のワインを原産地呼称ワイン、略して**AOCワイン**といいます。AOCワインは、地域が狭まるほど高品質とされています。つまり、地域の名前より村の名前、村の名前より畑の名前と、地域が限定されるほど厳格な基準でつくられていて、価格も上がります。

AOCに指定された地域のうち、代表的な産地を紹介しましょう。

ボルドーは、質・量ともフランス一の銘醸地で、ソーテルヌ地区の甘口白ワインを除くと、赤ワインが有名です。ボルドーの赤ワインは、適度の渋みをもち、飲み応えのしっかりした味わいが特徴です。

メドック地区は、一八五五年のパリ万博を機に、第一級から第五級までシャトーと呼ばれる醸造所が格付けされました。かなり昔のことなので必ずしも現状に合っているとはいえませんが、一級シャトーものは今でも高値で取引されています。第一級に格付けされた五大シャトーは、**シャトー・ラフィット・ロートシルト**、**シャトー・ラトゥール**、**シャトー・ムートン・ロートシルト（一九七三年に第一級に昇格）**、**シャトー・マルゴー**、**シャトー・オー・ブリオン**です。

上質のワインを産出するのは**オー・メドック地区**で、とくに**サンテステフ**、**ポイヤック**、**サンジュリアン**、**リストラック**、**ムーリ**、**マルゴー**の各村から生まれるワインは「ワインの女王」と呼ばれるほど世界の憧れです。

一方、**ソーテルヌ地区**は、フランスで最も優れた甘口白ワインの産地で、貴腐（きふ）ワインの生産者として有名な**シャトー・ディケム**のあるところです。貴腐ワインとは、一定の気候条件のもと、ブドウの果皮についたボトリティス・シネレア菌が果肉の水分を蒸発させ、糖度が高くなった「貴腐ブドウ」からつくるワインのことです。ソーテルヌは世界三大貴腐ワインのひとつで、あとの二つはドイツの**トロッケンベーレン・アウスレーゼ**、ハンガリーの**トカイ**です。

ブルゴーニュは、ボルドーと双璧をなす代表的な産地ですが、生産量はボルドーの半分ほどで、ボルドーが数種類の品種をブレンドするのとは対照的に、白ワインは**シャルドネ**、北部の赤ワインは**ピノ・ノワール**、南部の赤ワインは**ガメイ**からつくるとほぼ決まっています。単品種のワインづくりなので、その年の天候が悪ければワインも失敗に終わり、よければもともと生産量が少ないので高騰します。

また、ボルドーとの違いは生産者のことをボルドーでは「シャトー」といい、ブルゴーニュでは「ドメーヌ」ということです。「城」を意味するシャトーでは、大邸宅を構え、広大なブドウ畑と大規模醸造設備を持っています。一方のドメーヌは「所有地」を意味し、家族経営のところが多く、畑も規模も小さいのが特徴です。ですからドメーヌものは、より産地の特徴が出た個性的なワインになります。

シャブリ地区は最も北に位置し、**シャルドネ**からつくられる辛口白ワインが有名です。また最も南には**ボージョレ地区**があり、**ガメイ**からつくられる軽い赤ワインが、**ボージョレ・ヌーボー**として知られています。

長期熟成タイプの素晴らしい赤ワインがつくられるのは**コート・ド・ニュイ地区**で、ブルゴーニュで最も力強い赤ワインといわれる**ジュヴレイ・シャンベルタン**、世界最高峰のワインと評される**ロマネ・コンティ**を擁する**ヴォーヌ・ロマネ**など著名な村が並びます。

一方、**コート・ド・ボーヌ地区**は、白ワインの銘醸地(めいじょうち)です。アロース・コルトン、ラドワ・セリニ、ペルナン・ヴェルジュレスの三村は、フランスを代表する白ワインの**コルトン・シャルルマーニュ**を生産し、また特級畑はありませんが、ムルソー村からはナッツに似た豊かな風味を持つ辛口の白ワインが生まれます。**ピュリニィ・モンラッシェ**

村は芳醇な辛口白ワインを産出し、それより少し繊細さを欠きますが、**シャサーニュ・モンラッシェ**村も良質な白ワインの産地です。この二村からは、世界最高峰の辛口白ワイン、**モンラッシェ**が生まれます。

シャンパーニュはシャンパンの産地で、白が九九％で、ロゼ・シャンパンはごくわずかです。多くは黒ブドウの**ピノ・ノワール**と**ピノ・ムニエ**、白ブドウの**シャルドネ**をブレンドしてつくりますが、**ブラン・ド・ブラン**というシャルドネ一〇〇％のシャンパンもあります。

また、味を一定にするためいろいろな年のワインをブレンドすることがほとんどですが、ブドウの出来がよい年はその年に収穫したブドウのみでつくられます。これは**ヴィンテージ・シャンパン**と呼ばれ、ひじょうに高価になります。

ドイツ国境に近い**アルザス地方**は、他の地方と違い、ブドウの品種名がワイン名となっています。品種は原則として、**リースリング**、**ゲヴェルツトラミナー**、**ピノ・グリ**、**ミュスカ**のどれかが単独で使用されます。ドイツと同じような品種ですが、ドイツとは違った辛口ワインをつくっています。

ドイツ

リースリングを主体に、フルーティーな酸味と甘みのバランスの取れた白ワインを産出しており、アルコール度数は全体的に低めです。産地限定格付け高級ワインをＱｍＰといって、**カビネット**、**シュペートレーゼ**、**アウスレーゼ**、**ベーレン・アウスレーゼ**、**アイスヴァイン**、**トロッケンベーレン・アウスレーゼ**という順番で格が上がっていき、格が上がるほど甘みが強くなります。

イタリア

イタリアのワインは**ヴィーノ・ダ・ターボラ**（テーブルワイン）、次が**ＤＯＣ**、そして最上級が**ＤＯＣＧ**となります。しかし、トスカーナ地方を中心にこの基準にとらわれないワインづくりを目指した生産者が、高級ワインをヴィーノ・ダ・ターボラとして売り出したため、ＤＯＣＧが必ずしも品質のよさを表していないという複雑なことになっています。イタリアワインの銘酒としては、**ブルネッロ・ディ・モンタルチーノ**、**バルバレスコ**、**ソライア**、**オルネライア**、**サッシカイア**、そして**バローロ**などを覚えておけばよいでしょう。

スペイン

高級ワインの産地としては**リオハ**が有名で、スパークリングワインとしては、シャンパン製法でつくられた**カバ**が知られています。カバはスペイン固有のブドウでつくっているためか少々クセがありますが、シャンパンよりはるかに安価です。

また、アンダルシア地方のヘレス周辺で産出する**シェリー**は、ワインにブランデーを添加してつくる酒精強化ワイン（フォーティファイド・ワイン）です。製法や熟成年の違いで大別すると、ドライな辛口の**フィノ**、中辛口の**アモンティリャード**、重厚な辛口の**オロロソ**があります。

ポルトガル

有名なワインは、アルコール度数が低めで、軽く発泡している**ヴィーニョ・ヴェルデ**です。冷やして真夏の昼間に飲むのにぴったりな、フレッシュなワインです。ドウロ川流域でつくられる**ポート**、大西洋上に浮かぶポルトガル領マディラ島でつくられる**マディラ**は、どちらも酒精強化ワインで、スペインのシェリーと並ぶ存在です。

アメリカ

主要産地は、カリフォルニアの**ナパ・バレー**と**ソノマ**。なにしろ気候がよく、毎年がフランスでいう「当たり年」のようなものなので、品質の安定感は折り紙付きです。カリフォルニアワインが世界的に注目されたきっかけは、一九七六年に行われた「パリ対決」です。カリフォルニアワインと、ボルドーの超一流シャトーの赤ワイン、ブルゴーニュの銘醸(めいじょう)白ワインを、フランス人の専門家がブラインド・テイスティングした結果、赤も白もカリフォルニアワインが一位だったのです。

近年、カリフォルニアで最も有名なワインは、ボルドーのムートン・ロートシルトと地元のロバート・モンダビが共同でつくった**オーパス・ワン**です。

オーストラリア

赤の品種は**シラー**(オーストラリアでは「**シラーズ**」という)、**カベルネ・ソービニヨン**が主体で、白の品種は**シャルドネ**、**リースリング**、**セミヨン**が主体です。味はカリフォルニアワインと似ていますが、より果実味に富み、厚みのあるワインが多いようです。

チリ

ヨーロッパでは、一九世紀半ば、北米から輸入されたブドウの苗木についてきたフィロキセラという害虫が猛威を振るい、ブドウの樹が枯れてワイン産業が壊滅したことがありました。結局、フィロキセラに耐性のある北米産のブドウの台木に、ヨーロッパ産のブドウを接ぎ木することで、この被害は収まりましたが、今あるヨーロッパのブドウは北米産のブドウとのハイブリッドなのです。しかし、チリはフィロキセラ以前にヨーロッパから持ち込まれたブドウから、今でもワインをつくっている唯一の国です。最近は醸造技術も進歩して、**カベルネ・ソービニヨン**などのヨーロッパ品種で良質なワインがつくられています。

●日本ワイン

「**国産ワイン**」といえば、日本でつくったワインという意味ですよね。でもほとんどの国産ワインは、濃縮果汁などの原料を海外から輸入し、日本で発酵させたものなのです。これは酒税法で、ワインの原料についての細かい基準がないからなのです。

でも日本にもブドウ畑はありますし、ワイナリーもあります。ですから日本で栽培されたブドウでつくられた生粋の国産ワインを、「**日本ワイン**」とよんで区別しています。

これでは消費者が混乱しますので、二〇一五年に法律が改正され、やっと国産ワインと日本ワインを区別して表示することができるようになりました。でも日本ワインは、日本で消費されるワイン全体のたった八％です。ほかは海外産のワインか、海外産原料のワインなのです。

本来、海外のワインはワイン農家がつくっています。つまりワインは農産物なのです。しかし日本では明治以来、お酒は「酒税を取る道具」とされ、農林水産省ではなく、国税庁が管轄してきました。

これは富国強兵政策の一環で、酒税が日清戦争や日露戦争の戦費の一部をまかなったともいわれているのですが、現代の酒文化や酒造業の発展のためには、時代遅れの制度といわざるを得ません。

ちなみにアメリカでは、「アルコール・タバコ・火器及び爆発物取り締まり局」がお酒の管轄官庁です。アルコールを爆発物と一緒に取り締まるというのは、おそらく禁酒法の名残（なごり）なのでしょうね。

そういうわけで、日本では日本酒もワインも農産物ではなく、一種の工業製品とみなされてきた歴史があります。原料の米やブドウをつくる農家とは、縦割り行政のために分断されてきたわけです。

ところが日本が国際化するにつれ、日本酒やワインの醸造家たちが、「これは世界的に見てどうもおかしいぞ」と気づき始めました。

日本酒業界では、「夏子の酒」のモデルとなった**久須美酒造**が、かつての酒米**亀の尾**を復活させ話題となりましたね。それが一九八〇年代。その後、昔の品種の復刻に取り組む蔵や、契約栽培で地元の米を育てる蔵が増えていきます。食管法が変わって米の流通が自由化した九五年以降は、米づくりから酒づくりまでを一貫して行う蔵元もあらわれるようになりました。

ワインづくりにおいても変化がありました。それまでのワイン醸造家は、主に農家から仕入れた生食用にならないブドウを、ワインに加工するのが仕事でした。それを大手の瓶詰めメーカーに、ブレンド用の原料として売っていた醸造家も多かったのです。しかし九〇年代以降、まず自分でよいブドウをつくり、それを自ら醸造する人々が登場しました。

よいワインをつくるためには、ブドウの樹齢が一〇年以上は必要だといわれています。

九〇年代から二五年が経った今、日本ワインがおいしくなってきたのも当然のことといえるでしょう。

日本ワインの世界的評価も高まっています。日本固有のワイン用ブドウ品種である**甲州**と**マスカット・ベーリーA**が、二〇一〇年、一三年と、相次いで**OIV**（国際ブドウ・ワイン機構）に登録されたのです。これでいよいよ日本ワインの国際デビューというわけです。

甲州は奈良時代に僧行基（ぎょうぎ）によって伝えられたなど、いくつかの伝承があるだけで、そのルーツは謎につつまれています。最近DNAを解析したら、おおもとはヨーロッパ系種と東アジア系野生種にあるということがわかりました。コーカサス地方からシルクロードを通り、中国経由で日本に伝来してきて、偶然山梨に根付いたのでしょう。江戸元禄時代には、山梨県の勝沼一帯に、甲州ブドウの棚が広がっていたといいます。

日本で本格的なワインづくりが始まったのも勝沼で、もちろん原料のブドウは**甲州**でした。明治政府の殖産興業の動きと相まって、一八七七年に**大日本山梨葡萄酒会社**が設立されると、二人の若者がフランスへ派遣され、ワインづくりを学んできました。この流れを汲むのが今のメルシャンです。

一方、**マスカット・ベーリーA**は、約九〇年前に、人工的に交配してつくられました。つくったのは川上善兵衛（かわかみぜんべえ）で、現在の岩の原（いわのはら）葡萄園を開墾（かいこん）した人物です。善兵衛の故郷は、「岩の原」と呼ばれるほど岩や石ころだらけの土地でしたが、ここを活用できる新たな農産物として、ブドウに目をつけたのです。

私は岩の原葡萄園で、善兵衛が建築した石蔵を見てきました。石蔵は山側にトンネルが掘られ、地下水を利用した冷気が蔵内へ送られる構造になっています。ワインには低温発酵が必要だと感じた善兵衛のアイデアで、ほかにも冬に積もった雪を貯蔵して、発酵温度を下げるための雪室（ゆきむろ）なども残っていました。

ワイン醸造と同時に心血を注いだのが、日本の気候風土に合ったワイン用ブドウ品種の開発でした。世界各地から苗を取り寄せて交配したブドウは一万種を超え、二二種類のブドウ品種をつくることに成功し、その中のひとつが**マスカット・ベーリーA**だったのです。

さて、こうした日本ワインはどんな味がするのでしょうか。あくまでも私の個人的な感想ですが、以前の甲州は、よくいえばスッキリ、悪くいえば淡麗すぎて味にインパクトがなく、独特の渋みやえぐみが気になる白ワインだったと思います。でも今は、ワインにするとグレープフルーツのような柑橘系の香りが出ることがわかり、この香りを最大限に生かしたワインが、**シャトー・メルシャン**から**甲州きいろ香**という名前で出ています。

一方、**マスカット・ベーリーA**は、特有の泥臭い風味が気になる品種でしたが、最近は、特有のイチゴジャムのような甘い香りを前面に出して、果実味のある飲みやすい赤ワインやロゼワインがつくられています。サントリー・ジャパンプレミアムの**マスカット・ベーリーA**は、香り、味ともにブドウのよいところを引き出していて、とくにロゼが秀逸です。

もちろん日本ワインに使われるブドウはこの二つだけではありません。**メルロー**や**シャルドネ**は、国際コンクールで毎年のように受賞していますし、国際的には登録されていませんが、**甲斐ノワール**や**甲斐ブラン**、**ヤマブドウ**や**ヤマ・ソービニヨン**といった日本固有の品種もまだたくさんあります。

明治時代から始まった日本ワインですが、ここへきて、ようやくよい畑ができ、よいブドウが生産されはじめました。これからが面白い、旬を迎えた日本ワイン。レストランで見つけたら、「買い」だと私は思います。

ワインの選び方

WINE

フランスワインは、飲み応えのある渋めの赤ワインならボルドー、柔らかく口当たりがなめらかな赤ワインならブルゴーニュを選びます。辛口白ワインならシャブリかアルザス、甘口白ワインならソーテルヌを選びましょう。スッキリしたシャンパンなら、白ブドウのみでつくられたブラン・ド・ブランがおすすめです。

イタリアワインは格付けが当てにならないので、ブルネッロ・ディ・モンタルチーノ、バルバレスコ、ソライア、オルネライア、サッシカイア、バローロという名前を丸暗記してください。すべて銘酒です。

カリフォルニアはジンファンデル、オーストラリアはシラー、チリはカベルネ・ソービニヨンを主体にしたワインを選ぶと、国ごとの個性が味わえます。

【一目おかれる ワインのキホン】

□スクリューキャップのワインは全てが安物ではない
□ワインと料理は色を合わせるとよい
□酸化防止剤は毒ではなくワインに不可欠
□主な赤ワイン用品種はカベルネ・ソービニヨンとピノ・ノワール
□主な白ワイン用品種はシャルドネとリースリング
□シャンパンは黒ブドウと白ブドウを原料に、アッサンブラージュしてつくられる
□フランスのAOCワインは地域が狭まるほど高品質
□ドイツのQmPワインは格が上がるほど甘くなる
□イタリアのワインはヴィーノ・ダ・ターボラでも銘醸（めいじょう）ワインがある
□日本ワインはこれからが旬

COCKTAIL

カクテル

●カクテルのつくり方

カクテルの起源は古代エジプトまでさかのぼるという説もありますが、個人的には一六三〇年頃、インド人によって発明され、イギリス人によって広まった「パンチ」あたりが起源ではないかと思っています。

パンチとは、蒸留酒アラックと、砂糖、ライム、スパイス、水の五つを混ぜ合わせたもので、ヒンディー語の「五」から名づけられたといわれています。私はヒンディー語が話せるからわかるのですが、ヒンディー語の五はまさしく「パーンチ」と発音します。そして今でも、ワインやスピリッツをベースにして、フルーツやジュースなどを入れてつくるパーティー用のドリンクを、「パンチ」といいますよね。

現代のような氷を使い、シェークやステアなどの技術を使ったカクテルが登場したのは、製氷技術が発明された一八七〇年代以降です。新天地アメリカのバーテンダーたちは、伝統にとらわれず、新しい飲酒文化に積極的だったので、彼らがカクテルの基礎を築き、その後ヨーロッパ各国へと広まっていきました。

現在、こうして確立されたスタンダードなカクテルのタイプには、大きく分けて**ショートカクテル**と**ロングカクテル**があります。

ショートカクテルは、足つきのカクテルグラスなどの小さなグラスに入っていて、冷やしながらつくるので氷は入っていません。ぬるくなる前に短時間で飲むべきカクテルですが、アルコール度数は高めです。一方、ロングカクテルは大きめのグラスを使い、氷が入っているので多少時間をかけて飲んでも大丈夫。ジュースや炭酸で割ってあるものが多く、アルコール度数は低めです。

では、基本的なカクテルづくりの技法には、どんなものがあるでしょうか。

まず最もシンプルな**ビルド**。これは直接グラスにつくる方法です。氷と材料をグラスに入れ、バースプーンでかき混ぜます。

次は**ステア**です。これは、ミキシンググラスに氷と材料を入れ、バースプーンでかき混ぜてつくることをいいます。私は銀座のバー・オーパで、今は亡き大槻健二(おおつきけんじ)さんに、取材でバーテンダー修業をさせてもらったことがあります。その時、彼が最初に私にやらせたのがステアでした。これがとにかく素人には難しい。親指と人差し指は力を抜いて、中指と薬指で時計回りにバースプーンをくるくると回転させるのですが、スプーンが倒れないように軽く支え、しかもスプーンの先が常にミキシンググラスの底についていなければいけません。バーテンダーがやっているのを見ると簡単そうですが、一度やってみてください。なかなかできませんから。

三つ目は**シェーク**です。シェーカーを振ってつくることですね。これは形を真似るだけならけっこう簡単です。でもじつはシェーカーの中で氷と材料が8の字を描いていないといけないというのです。これは感覚的なものなので、慣れないと全然わかりません。氷と材料と空気が渾然一体となるようなシェークがよいシェークです。

最後は**ブレンド**です。ブレンダー（ミキサー）で混ぜることで、シャーベット状のフローズンカクテルや、果物をトロトロに溶かし込むときなどに使います。

こうした技法を使って、バーテンダーは様々なカクテルをつくり出しているわけですが、最近はスタンダードなカクテルの枠を超え、常識にとらわれずに素材を選んで組み合わせ、前衛的なカクテルをつくる新たな潮流が生まれています。これを「ミクソロジー」といい、実践するバーテンダーを「ミクソロジスト」とよびます。彼らは低カロリーやノンアルコールのカクテル、ベーコン味やビネガー味の甘くないカクテル、出汁（だし）によって旨味を効かせたカクテルなど、自由な発想で新しいカクテルをつくっています。

カクテルコンペティションを見に行くと、ドライアイスを使ってド派手なプレゼンテーションをしたり、亜酸化窒素であらゆる食材をムース状にする**エスプーマ**を駆使したりといった、新しいカクテルに驚かされます。いずれにせよ、今後は進化形カクテルも要チェックです。

●カクテルベースになるスピリッツ

カクテルはベースになるお酒を覚えておけば、自分の好みが探しやすいですし、バーテンダーにもたのみやすいものです。ここではカクテルベースになるスピリッツをおさらいしましょう。

ジン

ジンの発祥は一七世紀のオランダ。初めはアルコールにジュニパーベリーを漬けて蒸留した薬で、利尿剤として売り出されました。それがロンドンに伝わると酒として飲むことが流行し、一九世紀に連続式蒸留機が発達すると、洗練されてクセのないライトな酒に生まれ変わりました。これを「ロンドン・ジン」といって、現在の**ドライジン**の原型です。

ドライジンの主原料は、トウモロコシや大麦麦芽（ばくが）で、これらを発酵後、連続式蒸留機でスピリッツをつくります。そしてジュニパーベリーのほか一〇種類以上のハーブやスパイスとともに、ポットスチルで再蒸留します。ハーブなどの配合は各メーカーの企業秘密。**ビーフィーター**、**ギルビー**、**ゴードン**、**ボンベイ・サファイア**、**タンカレー**などが主な銘柄で、微妙に風味が違います。

ジンは本家のオランダにも残っていて、**オランダ・ジン**と呼ばれています。こちらは伝統的な単式蒸留でつくられているため、ヘビーな酒質です。

ドイツにも**シュタインヘーガー**というジンの一種があります。これは生のジュニパーベリーを発酵させ、単式蒸留してスピリッツをつくり、トウモロコシなどを原料として連続式蒸留機で蒸留したスピリッツと合わせて再蒸留したものです。カクテルにするより、ビールの合間にストレートで飲まれることが多い酒です。

そのほか、砂糖を加えて甘口に仕上げた**オールド・トム・ジン**、スピリッツにスロー

（スモモの一種）を浸漬し、砂糖を加えて熟成させた**スロー・ジン**などがあります。

ウオッカ

主原料はトウモロコシ、小麦、ライ麦、ジャガイモなど。これらを発酵させ連続式蒸留機で蒸留し、白樺の炭層で濾過してつくったのがウオッカです。味の決め手はベースになるスピリッツのつくり方と、白樺炭層濾過をどのくらい時間をかけて行うかです。一般的に、濾過回数が多いほど上質とされています。

ロシアのウオッカは、澄みきってニュートラルなものから、甘くてまろやかなものまで幅広くあり、代表銘柄はスッキリとした**ストリチナヤ**です。ちなみに私がロシアで飲んだウオッカは名もない地酒でしたが、トロリとしたアルコールの甘さが感じられる銘酒でした。ロシア人はこんなウマい酒を飲んでいるのかと、驚いた記憶があります。

ポーランドのウオッカは、ズブロッカ草を配合した爽やかな**ズブロッカ**、四回蒸留した上品な味わいの**ベルヴェデール**などが有名です。また、かつてロシアからアメリカに渡った**スミノフ**は、クリーンでドライな味わいですし、スウェーデンにはリッチでなめらかな**アブソルート**があります。

ラム

ラムの故郷は西インド諸島で、原料はサトウキビです。一般的には、サトウキビの搾り汁を煮詰めて砂糖の結晶を取ったあとの糖蜜（モラセス）を発酵させ、連続式蒸留機で蒸留し、樽やタンクで熟成させます。

タンク貯蔵したものは、透明な**ホワイトラム**になります。そして三年以上樽熟成させたものは色の濃い**ダークラム**に、その中間は黄色の**ゴールドラム**になります。ホワイトラムの代表銘柄は、ほのかな甘みが特徴の**バカルディ**と**ハバナクラブ**、ダークラムの代表銘柄は、香ばしい**マイヤーズ**です。

フランス領ではこれとは別のつくり方をしていて、サトウキビジュースを発酵させ、単式または連続式で蒸留し、熟成させます。スッキリとした一般的なラムより複雑味があり、華やかな香りが特徴です。これを「**アグリコール・ラム**」というので、一般的なラムを「**トラディショナル・ラム**」（または「インダストリアル・ラム」）とよんで区別しています。

ちなみに、ブラジルの**ピンガ**や**カシャーサ**もアグリコール・ラムと同様のつくり方をするのでラムなのですが、スペインと仲の悪かった元ポルトガル領のお酒なので、「我が国の酒はラムではない！」と頑(かたく)なに否定しています。

テキーラ

テキーラの原料はサボテンだと信じている人がまだいるようですが、実際はリュウゼツランという多肉植物で、大きなアロエのような植物です。メキシコでは「マゲイ」、または「アガベ」といいます。

この葉をそぎ落とし、丸い球茎(きゅうけい)の部分を掘り起こします。ここには多量の糖分が含まれていますので、蒸して圧搾(あっさく)し発酵させた後、単式蒸留機で二回蒸留します。その後、ステンレスタンクで短期間貯蔵されたものをブランコ、オーク樽で二ヶ月以上熟成させたものをレポサード、オーク樽で一年以上熟成させたものをアネホといいます。ブランコは透明で、レポサードはゴールド色、アネホは褐色です。

カクテルベースとしてよく使われるのは**ブランコ**で、シャープな香りがあり、一番テキーラらしいお酒です。**レポサード**はほのかな樽香が特徴で、最もまろやかなのが**アネホ**です。

テキーラと呼べるのは原料にアガベ・アスール・テキラーナ（ブルー・アガベ）という

リュウゼツランを使い、テキーラ村周辺でつくられたものだけで、ほかはすべて**メスカル**とよばれます。テキーラは、アガベ・アスール・テキラーナを五一％以上含めばよいのですが、一〇〇％使ったものは**プレミアム・テキーラ**とよばれ、アメリカのセレブの間で人気が高まっているそうです。ブランコでは**サウザ・ブルー**、レポサードやアネホでは**ドン・フリオ**などがプレミアム・テキーラです。

ブランデー

単独で飲まれることが多いブランデーですが、カクテルのベースにもなります。ワインを蒸留したのがブランデーで、主な産地はフランスの**コニャック地方**と**アルマニャック地方**です。

ブランデー用ワインのブドウ品種は通常のワインのものとは違い、糖分が少ないので、アルコール度数の低い酸っぱいワインができます。しかしこの方が、蒸留した時に素晴らしい香りが生まれるのです。

コニャックの場合、このワインを単式蒸留機で二段階に分けて蒸留し、ホワイトオークの樽で熟成します。一方、アルマニャックの場合は、独特の伝統的な半連続式蒸留機で一回だけ蒸留し、ガスコーニュ産のブラックオークの樽で熟成させます。

コニャックはフルーティーな香りと味わいのバランスのよさが特徴で、アルマニャックは男性的で力強く、個性的なブランデーになります。どちらもブレンドした熟成年の若いものを基準にして、三年以上は星三つの**スリースター**、五年以上は**VSOP**、七年以上なら、**XO**、**ナポレオン**、**エクストラ**などとラベルに表記されます。

このほか、リンゴの醸造酒である**シードル**を蒸留した辛口の**カルヴァドス**や、ワインの搾りかすを蒸留したフランスの**マール**、イタリアの**グラッパ**などもブランデーの仲間です。

マールは、アルザスの**ゲヴェルツトラミナー**種からつくられたもの以外は、基本的に樽熟成されるので褐色の色がついています。一方、**グラッパ**は樽熟成しないことの方が多いので無色透明です。サッシカイアやオルネライアのグラッパを飲んだことがありますが、原料が銘醸（めいじょう）ワインの搾りかすだけに、どちらも香り高く上品でした。

●おすすめカクテル

初めて行ったバーで飲む一杯目のカクテル、何をたのんだらよいでしょうか。まずシヨートカクテルなら、**マティーニ**をおすすめします。シンプルですが、バリエーションが山ほどあるので、バーテンダーのセンスが光る一杯です。

ジンとドライベルモットに何を選ぶか、オリーブはどんなものを使うか、レモンピールを搾るかどうか、ステアかシェークか。

一説にはマティーニのレシピは二六八もあるとか。超辛口のマティーニが好きだったチャーチルが、ベルモットの瓶をジッと眺めながらジンのストレートを飲んでいたという話はあまりにも有名です。

一杯目をロングカクテルにしたいのでしたら、**ジントニック**がいいでしょう。これも違いがわかりやすいカクテルです。グラスの選び方、ジンの銘柄と温度、入れる柑橘(かんきつ)の種類、トニックウォーターの使い方、攪拌(かくはん)状態など、ひとつひとつにバーテンダーの個性が現れます。

一杯目を「おいしい」と思うか「何か違う」と感じるかは、それぞれの好みなので正解はないのですが、マティーニとジントニックはどのバーにもあり、誰でも一度は飲んだことがあるはずなので、わかりやすいのです。人におすすめしたら、「このバーのマティーニはどうですか？」と聞けば、いろいろな感想が返ってくるので、そこから話が広がります。

食後の一杯には、ウイスキーとドランブイの**ラスティネイル**などはいかがでしょうか。**ドランブイ**は約四〇種類のスコッチをブレンドしたものに、各種ハーブを配合し、ヒースの蜂蜜を加えたリキュールです。甘口のウイスキーカクテルなので、これを飲んで一息ついてから、腰を落ち着けてシングルモルトなどのウイスキーを飲むということもできます。

食事から二次会まで行ってさんざん飲んだあと、バーへなだれ込むということも多いですよね。そういうときは、サッパリした**イエガートニック**がいいと思います。これはイエガーマイスターというドイツの薬草系リキュールのトニック割りです。

イエガーマイスターは、ハーブ、フルーツ、スパイスなどが五六種類入っていて、洋風養命酒といった趣。ライムかレモンを搾ってもらうと、より飲みやすくなります。

薬草系がお好きであれば、**シャルトリューズ**という、フランスの修道院がつくっているリキュールもあります。こちらはブランデーをベースにして一三〇種類ものハーブが入っていますが、詳しいレシピを知っているのは三人の修道士のみという謎めいたお酒でもあります。

シャルトリューズには、スパイシーでアルコール五五％の**ヴェール**（緑）と、ハニーの香味に特徴があるアルコール四〇％の**ジョーヌ**（黄）の二種類があります。カクテルには、ジンをベースにジョーヌを加える**アラスカ**と、ヴェールを加える**エメラルド・アイル**（グリーン・アラスカ）があります。

逆に早い時間にバーへ行って、これから食事というときは、白ワインとクレーム・ド・カシスの**キール**が最適です。カップルならば、白ワインをスパークリングワインに変えた**キール・ロワイヤル**の方がロマンチックかもしれません。もっと強いお酒がお好みなら、**ネグローニ**がおすすめ。ジンとカンパリとスイートベルモットが、空っぽの胃をたたき起こしてくれます。

二日酔いにはビールにトマトジュースの**レッド・アイ**が定番ですが、ウオッカにトマトジュースの**ブラディー・メアリー**もいいですよ。バーによっては、タバスコや黒胡椒も一緒に出してくれます。さらにウスターソースもほしい……なんて、まるでスープ感覚で飲む人も多いです。

レッド・アイも**ブラディー・メアリー**も、トマトジュースが味の決め手に大きく関わってきますので、トマトから吟味して、完熟したフレッシュトマトのみを搾って使うバーもあります。完熟トマトは青臭くないので、どなたでも飲みやすいはずです。

ところでお酒に弱い女性が飲むとしたら、何がいいでしょうか。そんなときは、スパークリングワインをオレンジジュースで割った**ミモザ**か、ピーチネクターで割った**ベリーニ**をおすすめすれば、まずハズしません。この二つはアルコール度数が低く、かつ見た目がきれいです。さらにスパークリングワインをシャンパンにしてあげると、かなり点数を稼げます。

彼女が甘党で、デザート代わりに何か飲みたいと言ったらどうしましょうか？　この場合、今どきどこの居酒屋にでもあるカルーア・ミルクでは芸がありません。ここはモーツァルトというチョコレートクリーム・リキュールに牛乳を加えた**モーツァルト・ミルク**がいいでしょう。チョコレートが嫌いな女性はほとんどいませんし、こってりした甘口なので喜んでもらえるはずです。

カクテルには季節感も大切ですよね。夏におすすめしたいカクテルのナンバーワンは、**モヒート**ではないでしょうか。ラムという南国の酒に、フレッシュミントとライムとソーダ水の爽やかさが加わり、気分はカリブ海のビーチリゾート。一気にテンションの上がるカクテルです。同じラムベースの**フローズンダイキリ**や、テキーラベースの**フロー**

ズンマルガリータも、夏にぴったりのカクテルです。

一方、冬のカクテルの定番は、**ホット・バタード・ラム**でしょう。ラムに砂糖を加え、熱湯で割ってバターを浮かべたカクテルです。好みでシナモンパウダーを加えることもあります。溶けたバターのコクと温かいラムが体に優しく、温まります。このカクテルは風邪の特効薬ともいわれているので、風邪ぎみで、ちょっと体調の悪い人にもおすすめできます。

さて、最後の一杯というとき、おすすめしたいのは**ニコラシカ**です。ブランデーが入った小さなグラスに、蓋をするようにレモンスライスが載っていて、さらにその上に砂糖が載っています。これはまず、レモンで砂糖を包み、口の中にほおばって強く噛み、そこへブランデーを流し込むという、いわば口の中でつくるカクテルなのです。

初めて見ると、どうやって飲むのかわからないという面白さもありますので、最後にもうひと盛り上がりできますよ。

カクテルの選び方

COCKTAIL

まずショートカクテルかロングカクテルかを決めます。飲み慣れない人にはロングカクテルをすすめます。

次にベースになる酒を何にするか決めます。ウオッカは一番クセがなく、初心者にはおすすめ。ジンはジュニパーベリーの香りが特徴ですが、人によっては薬臭いと敬遠する場合があります。個性的な酒が好きな人なら、独特の香りがある南国系のテキーラやラムを喜ぶでしょう。茶色い酒が好きな酒飲みの場合は、ブランデーやウイスキーをベースにします。

お酒に弱い人の場合は無理をさせず、ワインやスパークリングワイン、ビールのカクテルをおすすめしましょう。あとは甘いか辛いかの好みを言って、バーテンダーにおまかせします。

一目おかれるカクテルのキホン

□短時間で飲むショートカクテル、
　アルコール度数が低めのロングカクテル
□つくり方はビルド、ステア、シェーク、ブレンド
□バーテンダーの進化形はミクソロジスト
□ライトなドライジン、ヘビーなオランダ・ジン
□スッキリしたトラディショナル・ラム、複雑なアグリコール・ラム
□ブルー・アガベ一〇〇%はプレミアム・テキーラ
□バランスのよいコニャック、個性的なアルマニャック
□食前、食後、季節、体調に合ったカクテルがある

あとがき

私は「酔っぱライター」という名前で二〇年以上、お酒の本を書いてきました。まずこの名前がいけませんね。酔っぱライター。ふざけすぎです。いや、本人は大まじめにお酒と向き合ってきたのですが。

そもそも、私はお酒の仕事がしたくて酔っぱライターになったのではありません。とりあえず独立して最初に書いた本が『タイ・ラオス・ベトナム酒紀行！』という本でした。東南アジア三ヶ国を旅して、密造酒に近い地酒を探して飲んでくるという、飲んだくれ冒険旅行記です。

これを名刺代わりに、あらゆる雑誌編集部に営業しました。きっとあこがれのトラベルライターとか、フードライターになれるだろう、と思っていたのです。ところが来る仕事はすべて酒関係ばかり。旅行や食べ物のライターはたくさんいて間に合っていたのですね。ところが、酒について書ける女性ライターというのは当時珍しかったので、仕事が来たわけです。こうして各誌で酒の連載などを書いているうちに、たまたまある編集者がつけた名前が「酔っぱライター」だったのです。

一九九五年の独立当初はちょうど地ビール元年でしたので、全国の地ビールを飲み歩き、ビアテイスターの資格も取得しました。

しばらくするとワインブームがやってきました。毎日ワインをテイスティングし、チリやナパ・バレー、ブルゴーニュや南アフリカにも行きました。もちろん日本のワイナリーも訪ねています。

その後やってきたのは焼酎ブームです。焼酎・泡盛（あわもり）の蔵は四〇〜五〇軒くらい行ったでしょうか。雑誌の企画で「焼酎五二種類飲み比べ」という激務もこなしました。

そうした合間にも、南米アンデス地方や南部アフリカ諸国、中国少数民族の村々などに分け入って、酒を飲んでくる旅を続けていました。これらはすべて本になっていますので、興味がある方はどうぞ読んでみてください。

二〇〇〇年から雑誌の連載で日本酒の蔵巡りをすることになり、未知の酒だった日本酒に取り組むようになりました。利き酒師の資格を取得し、その後も日本酒の仕事は続いたので、訪ねた日本酒の蔵は一〇〇軒を超えると思います。

その頃から、「きっと次は日本酒ブームが来るに違いない」と思っていましたが、まさかウイスキーブームが先にやってくるとは思いませんでした。残念ながらまだスコットランドの蒸留所巡りは果たせていませんが、日本の主なウイスキー蒸留所は訪ねています。

そして今、何がブームかというと、ズバリ日本酒ではないでしょうか。高度経済成長時代をピークに、万年右肩下がりの斜陽産業だった日本酒業界に、ようやく光が当たりかけているところです。

このように、私はこの二〇年、お酒とともに生きてきました。蒸留所や酒蔵などの現場へ出かけることはもちろん、居酒屋やバーなど酒場の取材も二〇〇軒を超えます。

この本はそんな私の二〇年間の集大成です。

その間に出会った蔵元の皆さん、あらゆるお酒メーカーの関係者、お酒を扱うお店の方々、酒巡りの旅で出会った人々など、たくさんの方の支えと教えがなければ、この本は書けませんでした。

そして、数千種類は飲んできたであろう、たくさんのお酒たちが応援してくれて、この本を書かせてくれました。

お酒にまつわるすべてのご縁に、今はただ感謝の気持ちでいっぱいです。

このたびの出版では、企画から編集まで、平凡社の西田裕一さんに大変お世話になりました。ありがとうございます。また、サントリー名誉チーフブレンダーの輿水精一さん、元鹿児島大学焼酎学講座教授の鮫島吉廣さん、日本バーテンダー協会会長の岸久さん、日本ソムリエ協会副会長の君嶋哲至さん、日本ビアジャーナリスト協会代表の藤原ヒロユキさん、醸界タイムス社長の大森拓朗さんには、専門家の立場から貴重なアドバイスをいただきました。ありがとうございます。

そして、執筆中ずっと支え励まし続けてくださった牧野茂さんに感謝します。本当にありがとうございました。

この本が、あなたのお酒ライフに少しでも貢献できたら幸いです。

乾杯！

江口まゆみ

二〇一六年九月吉日

参考図書

『うまい酒の科学』酒類総合研究所、ソフトバンククリエイティブ
『うまいウイスキーの科学』吉村宗之 著、ソフトバンククリエイティブ
『うまいビールの科学』山本武司 著、ソフトバンククリエイティブ
『ウイスキーは日本の酒である』輿水精一 著、新潮社
『日本酒のテキスト2　産地の特徴と造り手たち』松崎晴雄 著、同友館
『藤原ヒロユキのＢＥＥＲ ＨＡＮＤ ＢＯＯＫ』藤原ヒロユキ 著、ワイン王国
『知識ゼロからのビール入門』藤原ヒロユキ 著、幻冬舎
『飲んで識るフランスワイン』高橋時丸・田崎真也 著、柴田書店
『ワイン生活、田崎真也 著』新潮社
『赤ワインは冷やして飲みなさい』友田晶子 著、青春出版社
『ワインの実践講座』田中清高・永尾敬子・渡辺照夫 著、時事通信社
『世界ウイスキー紀行』菊谷匡祐 著　立木 義浩 写真、リブロポート

『スタア・バーへ、ようこそ』岸久 著、文藝春秋
『小心者の大ジョッキ』端田晶 著、講談社
『日本の酒』坂口謹一郎 著、岩波書店
『シャンパン風ドブロク』山田陽一 著、農山漁村文化協会
『ワイナート No.83』美術出版社
『ワインの愉しみ』塚本俊彦 著、NTT出版
『黄土に生まれた酒』花井四郎 著、東方書店
『シェリー酒』中瀬航也 著、PHP研究所
『ワイン道』葉山考太郎 著、日経BP社
『日本ウイスキー世界一への道』嶋谷幸雄・輿水精一 著、集英社
『ウイスキー完全バイブル』土屋守 監修、ナツメ社
『モルトウイスキー大全』土屋守 著、小学館
『ブレンデッドスコッチ大全』土屋守 著、小学館
『うまか芋焼酎のすすめ』沢田貴幸 監修　南里伸子 著、学習研究社
『シャンパン物語』山本博 著、柴田書店
『今日からちょっとワイン通』山田健 著、草思社

●参考図書

『ワインの悦び』伊藤眞人 著、筑摩書房
『新バーテンダーズマニュアル』福西英三 監修　花崎一夫・山崎正信・江澤智美 著、柴田書店
『ザ・ベスト・カクテル』花崎一夫 監修、永岡書店
『進化するＢＡＲ』柴田書店ムック
『マティーニ』バーナビー・コンラッド三世著　山本博 訳、早川書房
『リキュールブック』福西英三 著、柴田書店

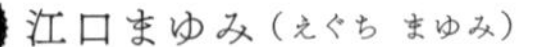

江口まゆみ（えぐち まゆみ）

神奈川県鎌倉生まれ。早稲田大学卒業。酒紀行家。1995年より「酔っぱライター」として世界の地酒を飲み歩く旅をライフワークとし、酒飲みの視点から、酒、食、旅に関するルポやエッセイを手がける。これまでに旅をした国は20カ国以上、訪ねた日本酒・焼酎・ビール・ワイン・ウイスキーの現場は100カ所以上にのぼる。SSI認定利き酒師、JCBA認定ビアテイスター。

ビジネスパーソンのための

一目（いちもく）おかれる酒選（さけえら）び

発行日　2016年12月16日　初版第1刷

著　者　江口まゆみ
発行者　西田裕一
発行所　株式会社 平凡社
東京都千代田区神田神保町 3-29
〒 101-0051　振替 00180-0-29639
電話 03(3230)6582［編集］　03(3230)6573［営業］
ホームページ http://www.heibonsha.co.jp/

装幀・本文デザイン　ミルキィ・イソベ＋安倍晴美（ステュディオ・パラボリカ）
印刷・製本　株式会社東京印書館

ISBN978-4-582-82485-8　NDC 分類番号 596.7
四六判（18.8 cm）　総ページ 256